Contents

Prologue

頭骨の魅力とは？

頭骨と聞くと、気味が悪い、奇怪なものと感じる方も少なくはないと思います。

しかし、中世のヨーロッパでは、貴族の間で生物の標本をコレクションすることが流行し、頭骨もその中に含まれていました。現代においてもフランス、イタリア、イギリスなどでは高貴な趣味として定着している、いわば“ダンディズム”の象徴でもあるのです。

また、頭骨は種の同定から進化の道筋までを探ることができる、生物の特徴が凝縮された貴重な資料です。世界はもとより、国内においても多くの研究者が頭骨を片手に日々研究に励んでいます。

進化を重ね、現代にまでたどり着いたその形状は魅力的で美しく、研究資料やコレクションとして以外にも、美術のスケッチの題材などに広く活用されています。

私は、子どもの頃から野山を駆け回り、学校よりも自然が教室といえるような日々をおくっていました。

大人になってからは、駆け回る範囲が近所の野山から世界中のジャングルへと広がり、長年、貴重な体験とともに多くの標本を集めてきました。

50歳を過ぎた今日も、机の前に落ち着くことはなく、調査のフィールドに足を運んでいます。

人間は他の生物とは異なり、大脳をいちじるしく発達させ、高度な文明というものを築きました。同時に、文明のもとで生活をするようになった人間にとって、生命の源である自然は憧れの存在に変化していきました。

その結果、人間は住処の周りに草木を植え、魚、鳥、ほ乳類など、自分たちとは異なる動物と共に暮すようになりました。また、休日という時間を設け、緑や水の流れ、鳥のさえずりや虫の声を求めては、はるばる野山や海へ出かけていきます。

人間は自然界での暮らしはできなくなりましたが、心は今なお自然を求めています。自然を楽しむ中で、動植物に接し、その多様性を学ぶ。そんな楽しみと学びの入口の一つが、頭骨なのです。

本書は頭骨を題材にすることで、従来とは異なる視点・別の角度から見ることができる生物図鑑として制作しました。

口がまともに閉じないほどに長大なウンピョウの剣歯、太古の昔から目立った進化の見られないワニ、複雑に組み込まれた頭骨をもつナポレオンフィッシュなどなど……。

その魅力や不思議を感じ、今まで以上に自然に興味を抱いていただけたらと思います。本書がそのために少しでも役立てたらなら幸いです。

PROFILE

吉田賢治（よしだけんじ）
生物研究家。1963年2月1日生まれ。埼玉県小川町に生まれる。1987年埼玉工業大学環境工学部環境工学科卒業。株式会社ネーチャーワールド取締役会長. 昆虫研究所「虫研」代表。

頭骨図鑑

第1章

猛獣ウンピョウから
珍獣バビルサまで

肉食・雑食
ほ乳類

肉食と雑食ほ乳類の種類は幅広い。
人間が属する霊長類も含まれる。
肉食動物たちは、なにを食べ、なにを捕食するかで
さまざまな頭部の進化を遂げた。
キバやあごの構造が生物の秘密を解き明かしてくれるはずだ。

肉食・雑食ほ乳類の

魅力と見方

頭骨の部位

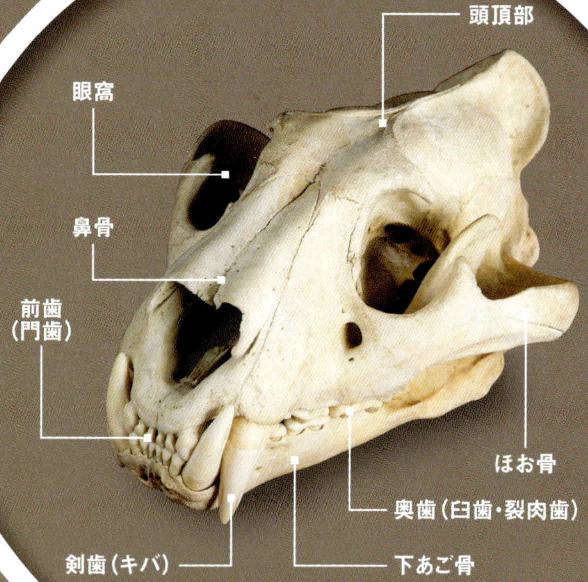

キバとあご、張り出した ほお骨のバランスの妙

肉食獣の特徴といえばまずは、トラなどを見てわかるように鋭く伸びる「キバ」である。そして頑丈な造りのあご骨に張り出したほお骨だ。

ネコ科の猛獣の長大なキバの美しさは、まさに頭骨鑑賞の醍醐味といえるだろう。国語では、「犬歯（犬の歯）」といわれるものだが、本書ではすべて「剣歯」と表記している。トラやライオンのキバを「犬歯」と表現するには、あまりに不適切であるからだ。肉食獣にとってキバは、生死を左右する最大の武器だ。獲物をその剣の歯で突き刺し倒し、切り裂き食する。生きるために進化したまさに「剣歯」なのだ。その剣歯は、肉食獣の生態に最適な形状に設計されている。なぜこのような長さと太さと形状なのかは、「剣歯」を見れば、いろいろな考察ができるだろう。

次にゴツいあごも魅力的だ。特に肉食獣のあごの力は草食動物の数倍の強さがある。あごの筋肉が発達すると、ほお骨も大きく横に張り出してくる。

噛む力を優先するために、草食動物に比べて多くの肉食動物は顔が短い。がっちりと噛み合ったあごの接続部分から口までの長さが短いほど、強い力を歯に掛けることができるからだ。強靭な筋肉を備えるために大きく張り出したほお骨と、がっしりした造りの下あご。そして剣歯のバランスこそが、肉食・雑食獣の頭骨の魅力といえるだろう。

もちろんコヨーテやキツネのように、一部あごが長い肉食ほ乳類もいる。それはネズミや鳥などといった小型の動物を捕食するために、噛み付く力より、捕らえるために有利ということに重点をおいた進化をしたためだ。

これらのポイントに注目しながら、肉食・雑食ほ乳類の頭骨の世界を楽しんでみよう。

Neofelis nebulosa

肉食・雑食ほ乳類
ネコ科

ウンピョウ

サーベルタイガーの子孫!? 強靭なあごと剣歯をもつ

数多い種が存在するネコ科で 最も魅力がある貴重な種

ネコ科の中では、ウンピョウこそが頭骨の頂点だろう。ウンピョウは非常に貴重であり、いまだにその生態などがわかっていない部分もある。全身を覆う毛の模様が非常に美しく、黒い縁取りがされた不定形の模様が雲に似ているために“雲豹”（ウンピョウ）という名がついた。ほかにもタカサゴヒョウ、タイワントラとも呼ばれている。ネコ科の中で最も木登りが得意で、リスなどと同じように頭を下にしてそのまま木を駆け下りることもできる。それを可能にしているのは、他のネコ科の仲間と異なり後ろ足首が回転する造りになっているためである。

頭骨を見てもわかるように、剣歯が非常に大きい。身体の大きさの比率から判定すると、ネコ科の中で最も大きなキバを持っている。頭骨を上から見るとほお骨が強く張り出し、特に横幅がある。あごの力が強い証拠だ。

サーベルタイガーとの 多くの共通点を発見

ウンピョウは絶滅したサーベルタイガー（マカイロドゥス）との共通点が多い。

①長い剣歯を納めるため、下あご前部が立ち上がっている。

②奥歯（臼歯）が斜めに噛み合い、後方の歯は完全に重なり合うのに対し、前方の歯は噛み合ない。

③剣歯と奥歯（臼歯）の隙間が大きく開いている。

という３点が、約500万年以上前に絶滅したとされるサーベルタイガーと同じなのだ。さらに、サーベルタイガーは東南アジアにも生息したとされ、現生のウンピョウとも分布が重なっている。これらの点から、ウンピョウはサーベルタイガーの末裔という可能性もなきにしもあらずだ。

DATA

▶ネコ目ネコ科　▶体長：0.62〜1.07m
▶体高：0.5〜0.6m　▶体重：16〜23kg
▶棲息域：中国南部、マレーシア等の東南アジア
▶食性：肉食（魚類、ヘビ、イノシシ等）
▶頭骨
魅力のポイント：大きく長い剣歯　大きさ：中
貴重度：★★★★★

俊敏で木登りが得意なのも特徴

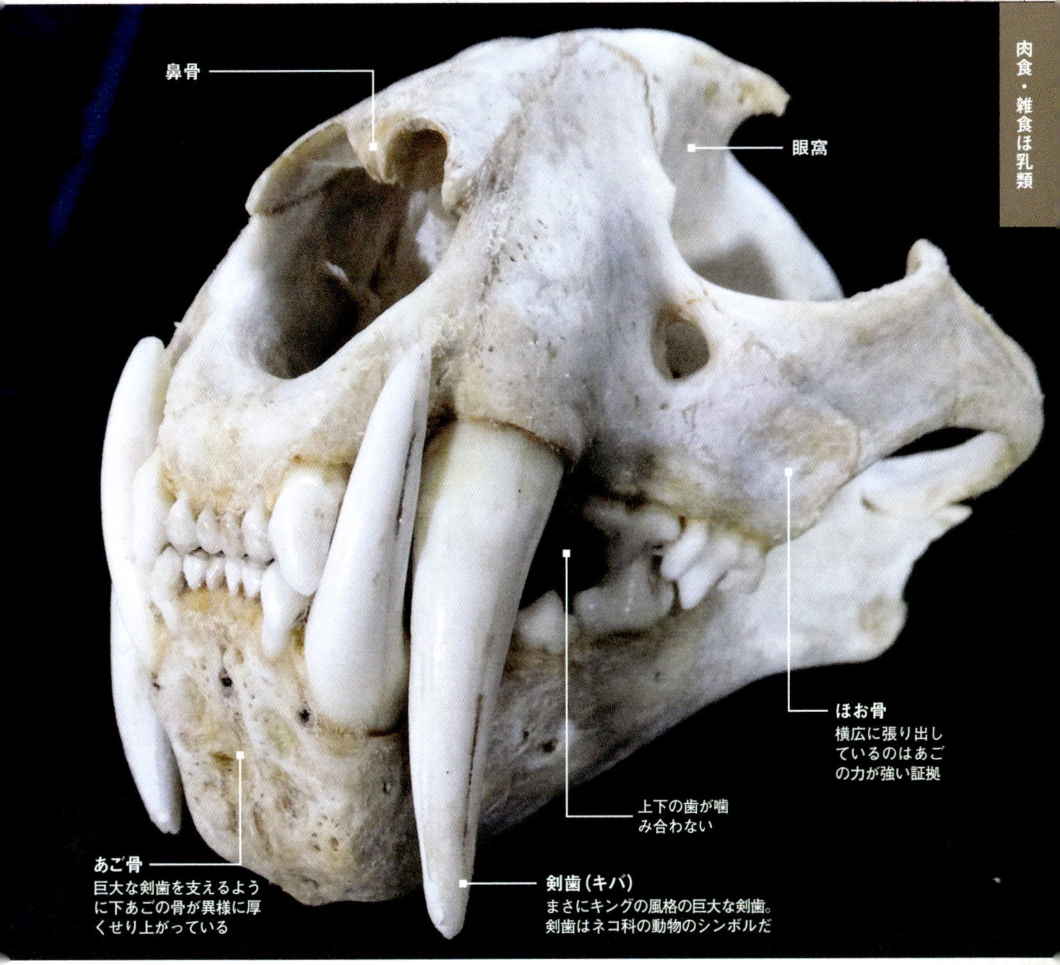
鼻骨
眼窩
ほお骨
横広に張り出しているのはあごの力が強い証拠
上下の歯が噛み合わない
あご骨
巨大な剣歯を支えるように下あごの骨が異様に厚くせり上がっている
剣歯（キバ）
まさにキングの風格の巨大な剣歯。剣歯はネコ科の動物のシンボルだ

サーベルタイガーの化石頭骨。そのキバの大きさはインパクト大

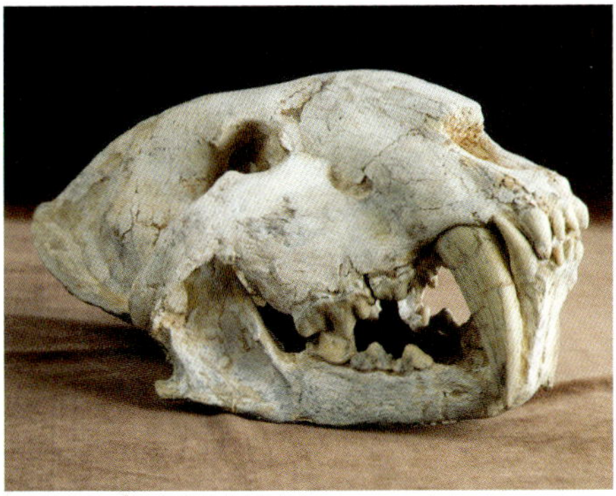

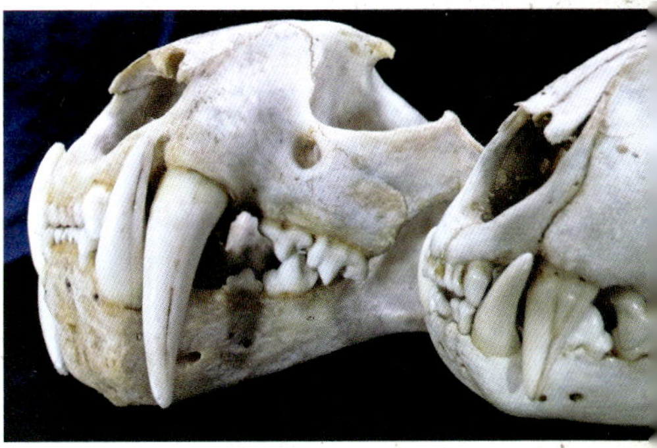

ウンピョウ（左）とチーター（右）の頭骨。頭骨の大きさは同じくらいだが、剣歯の大きさの違いがわかるだろう

Panthera tigris

トラ

絶滅が危ぶまれる美しい頭骨の猛獣

噛む力自体はライオンを凌ぎ ネコ科最強を誇る

頭はライオンより小さいが、身体、脚部の大きさはライオンを凌ぐ。トラはネコ科の中では最大種だ。頭部からあごまでの長さが身体の大きさに比べて短いのは、噛む力を最大限引き出すため。あごは強靭な筋肉にしっかり固められており、頭骨はその力を余すところなく噛む力に発揮できる造りになっている。

トラは、ワシントン条約で保護されている絶滅危惧種だ

ほお骨もライオン以上に張り出しており、噛む力のすごさが伝わってくるだろう。

トラのオスは、交尾する以外は一生単独で過ごす。メスもある程度育った子供とは行動しない。つまり単独でシカなど100kg級の獲物を倒さなければならない。そのための強靭な剣歯とあごなのである。

トラは狩りの時、獲物から10mくらいの地点まで、姿勢を低くして草木に潜みながら忍び寄り、十分な近さまで来たら勢いよく飛びかかり喉に噛み付く。

縄張りはオスの場合１頭で60～100㎢。この広さを１頭で守り切るのだから、その姿は孤高の王のようであり、古来より力の象徴とされてきたことも頷ける。

トラは中東～アジア～シベリアにかけて広く分布する。現在、ユーラシア大陸南方に分布するベンガルトラと、北方に分布するアムールトラが有名だ。

近年、東南アジアの島しょ部に棲息する数種が絶滅した。バリ島に棲息していた“バリトラ”とジャワ島に棲息していた“ジャワトラ”などだ。現在、近い種ではスマトラ島に棲息する“スマトラトラ”が最後の砦となっている。

またトラは、ワシントン条約において保護される動物の代表的な存在だ。

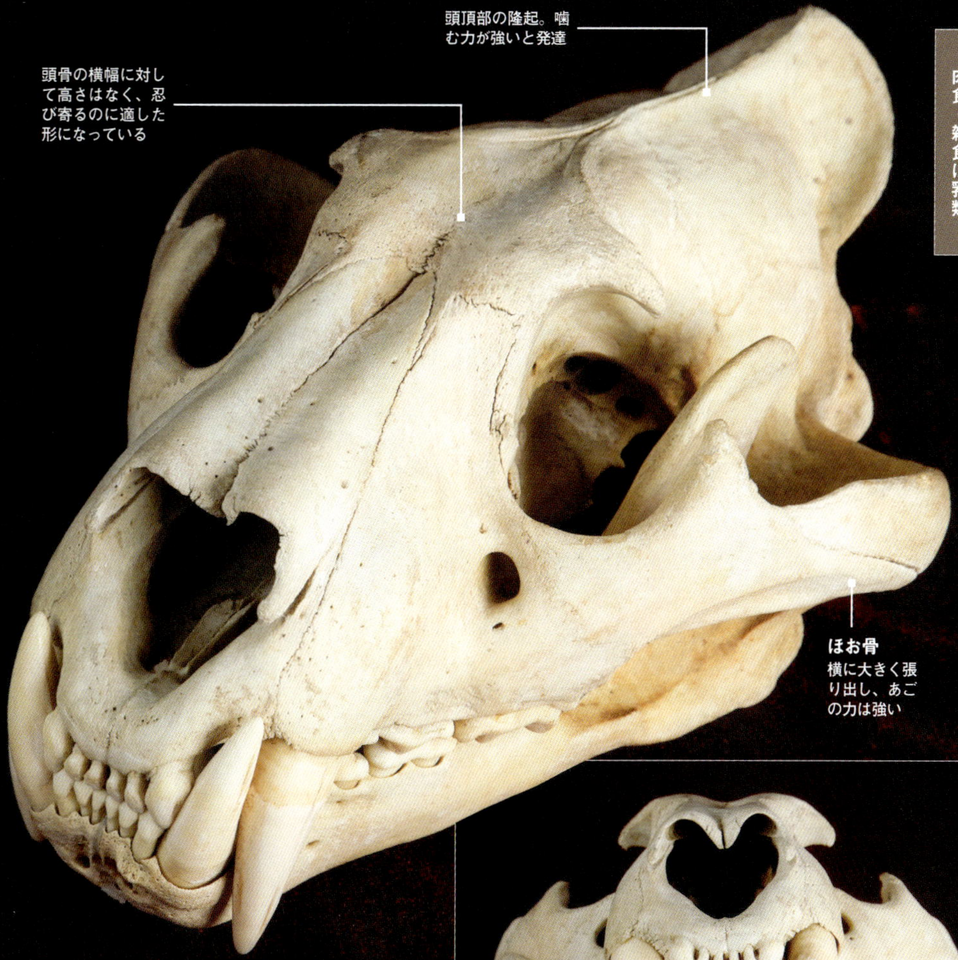

頭頂部の隆起。噛む力が強いと発達

頭骨の横幅に対して高さはなく、忍び寄るのに適した形になっている

ほお骨
横に大きく張り出し、あごの力は強い

DATA

- ネコ目ネコ科
- 体長：1.5〜1.8m
- 体高：0.9m
- 体重：150〜250kg
- 棲息域：中東山岳部〜インド、タイ、マレー、インドネシアのスマトラ島、中国、ロシア
- 食性：主に肉食（シカ、イノシシ、スイギュウ、昆虫、果実等）
- 頭骨
  魅力のポイント：頭骨からも感じられる気品
  大きさ：大
  貴重度：★★★★★

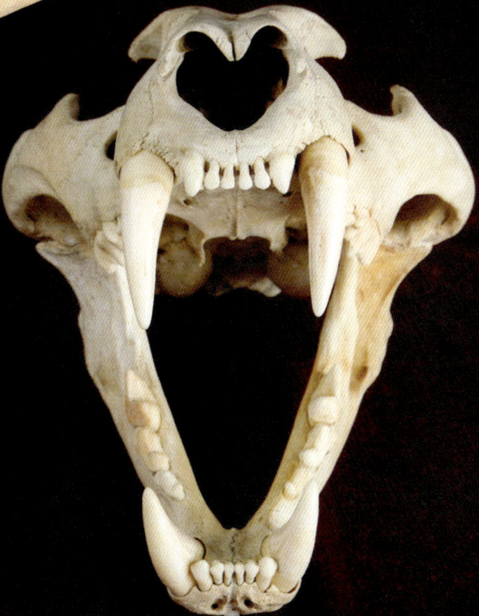

正面から口を開けて見ると剣歯が内側に少しカーブしているのがわかる

肉食・雑食ほ乳類

ネコ科

Panthera leo

ライオン

（アフリカライオン）

ネコ科で最も大きな頭骨をもつサバンナの王者

巨大な頭骨が魅力 サバンナのオスライオン

アフリカ大陸は地上で最もほ乳類が繁栄した。その中で頂点に君臨する最強の獣がライオンだ。巨大な剣歯は象やバッファローなど、どんな大型の獲物も捕え、倒すことができる。

ただし、狩りは同じ群れのメスが行う。群れの中にメスは通常4～12頭くらいいる。そのメスがチームプレーで獲物を狙うのだ。扇形に陣形を組み標的の退路を断つように囲い込むなど、頭脳プレーを展開する。そして危機が迫った場合、オスが登場する。オスの仕事は主に群れのメスを守ることだという。

オスはひとつの群れに数頭いるが、群れのメンバーには血縁関係があるため非常に親密で同じ群れのオス同士で争うことは滅多にない。

また、ライオンはネコ科の動物の中でも、特にメスに比べオスの頭が巨大。その大きな頭にフサフサとしたタテガミを備えた姿はまさに百獣の王の風格。頭骨の巨大な剣歯の魅力も格別である。

ライオンはプライドと呼ばれる群れを形成する

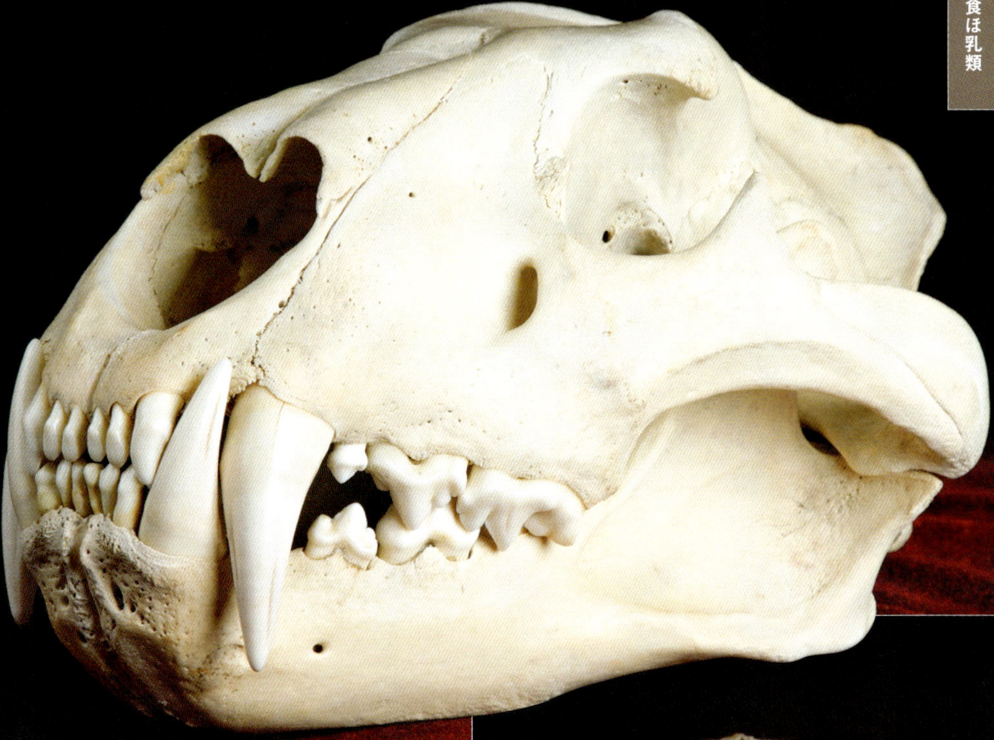

DATA
- ネコ目ネコ科
- 体長：1.5〜1.8m
- 体高：0.75〜1.23m
- 体重：120〜250kg
- 棲息域：アフリカ大陸やインド
- 食性：肉食（ヌーやシマウマ等の大型ほ乳類）
- 頭骨
  魅力のポイント：ネコ科最大の頭骨
  大きさ：大
  貴重度：★★★★☆

頭骨の長さが40㎝を超す
巨大なライオンの頭骨

DATA
▶ネコ目ネコ科　▶体長：1.1〜1.4m　▶体高：0.45〜0.78m　▶体重：40〜90kg
▶棲息域：アフリカ全域、アジア中南部　▶食性：肉食（ほ乳類、鳥類、魚類、昆虫等）
▶頭骨　魅力のポイント：小ぶりながらの迫力　大きさ：中　貴重度：★★★★★

肉食・雑食ほ乳類
ネコ科

Panthera pardus

ヒョウ

獲物を木の上に引きずり上げる強靭なあごの持ち主

ヒョウの頭骨はライオンと比べると４分の１以下程度と非常に小ぶりだ。しかし剣歯の鋭い形状やほお骨が横に大きく張り出した造りから、強力な肉食獣なのがわかる。

小〜中型のほ乳類をターゲットにして狩りを行い、木の上に引きずり上げてエサを保管する。大きな個体では自分の体重だけで90kgもあるのに、そのうえに獲物を咥えて身軽に木に登る姿は圧巻だ。こうした木の上で食事や昼寝をとる行動はハイエナなどから獲物や自分自身を守るためだ。

ヒョウの種類は大きく二つに分かれ、アフリカよりアジアに棲息する種のほうがほお骨が大きく、力強い頭骨をしている感がある。

ハリウッド女優がヒョウの毛皮のコートを着て飛行機に搭乗する際、搭乗を止められたというエピソードが残るとおり、ワシントン条約により厳しく保護されている。

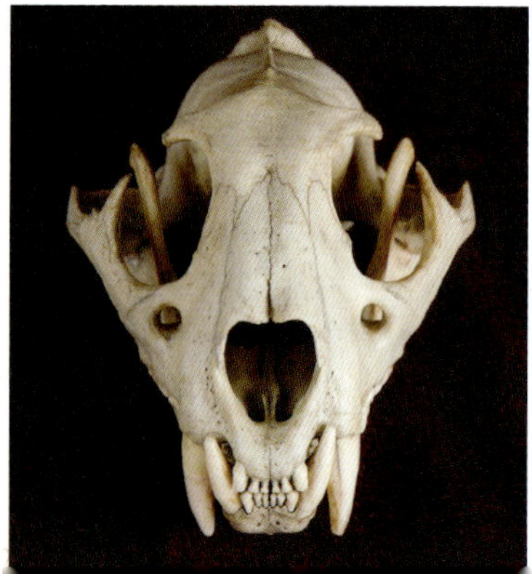

頭骨は生体と比べると驚くほど小さいが、その力強さは伝わってくる

Acinonyx jubatus

チーター

肉食・雑食ほ乳類
ネコ科

時速100kmを叩きだす俊脚と力強いキバ

胴に特徴的な斑点模様を持つ中型のネコ科の動物で、走る速さは地上の動物の中で最も速い。走り出してから２秒で時速72kmに達し、最高時速は100kmを超える。しかし持続力はなく、全速力で走れる距離は約400mに限られる。

走るために進化したスラリとした姿のため、頭部は小さくなっている。頭骨だけを見るとオオヤマネコとあまり変わらない。しかし骨の造りはヤマネコとは全く違い、小さなヒョウを思わせる。ほお骨の張り出しは大きくはないが、特にキバは太く力強い。この強靭なキバで、同じく足の速い草食獣"インパラ"を倒し、喉元に噛み付き窒息死させ、茂みなどに運んでゆっくり食べる。キバは獲物を仕留めるために力強くなっているが、あごの力が弱いため獲物の骨などの硬い部分は食べられない。

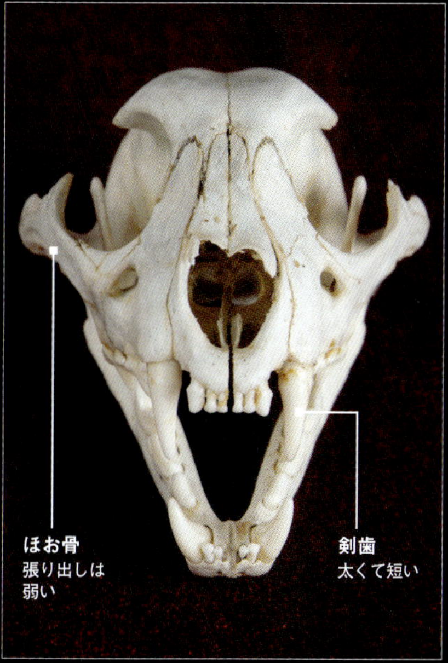
ほお骨
張り出しは
弱い
剣歯
太くて短い

DATA

- ネコ目ネコ科
- 体長：1.1〜1.4m
- 体高：0.75〜0.9m
- 体重：40〜65kg
- 棲息域：熱帯雨林を除くアフリカ大陸、イラン
- 食性：肉食（ウサギ、シカ等の中型以下のほ乳類）
- 頭骨
  魅力のポイント：太短いキバ
  大きさ：中
  貴重度：★★★★★

DATA

▶ネコ目ネコ科　▶体長：1.2〜1.5m　▶体高：0.84m　▶体重：60〜150kg
▶棲息域：北アメリカ大陸南部、南アメリカ大陸　▶食性：肉食（カピバラ、ナマケモノ、カメ、ワニ、ウシ等）
▶頭骨　魅力のポイント：骨太な頭骨力　大きさ：大　貴重度：★★★★★

神奈川県立生命の星・地球博物館収蔵　標本KPM-NF 1003653

肉食・雑食ほ乳類
ネコ科

Panthera onca

ジャガー

強靭なあごで獲物を噛み砕くアメリカ大陸の大型肉食獣

アメリカ大陸に棲むジャガーの体色は黄色で、体色よりも濃い色の黒い枠に囲まれた斑紋が背面を覆っているのが特徴だ。斑紋はアフリカに棲息するヒョウよりも大きく、背中部分の斑紋の中央に黒い点があるのも異なっている。

ヒョウと比べると骨格が非常にがっしりしており、脚が短いジャガー。ネコ科の中では、トラ、ライオンに次ぐ体格を誇っている。顔も大きく、正面から見た顔は口の大きな熊のようにも見え、無骨な印象だ。

木登りや泳ぎが得意なため、熱帯雨林などの林を中心に棲んでいる。狩りの際は、頭部や急所を噛み砕いて即死させる。頑強な前脚の一撃で小型ほ乳類の頭骨を破壊してしまうこともあるという。名前の由来はアメリカ先住民の“ヤガー”（ひと突きで獲物を殺す者）という言葉と言われているが、まさにその通りの狩りの仕方である。

神奈川県立生命の星・地球博物館収蔵　標本KPM-NF 1003653

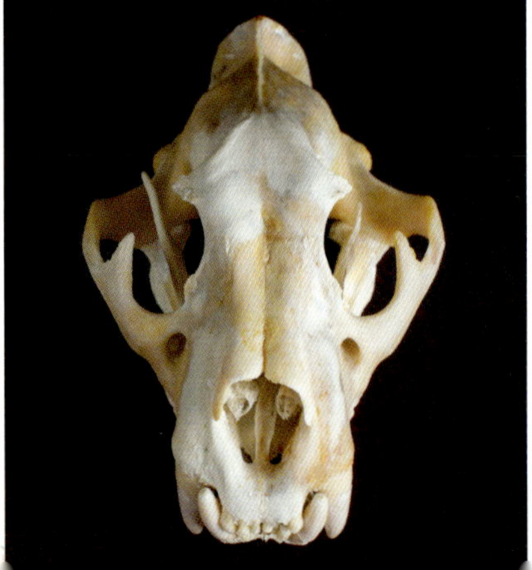

DATA
- ネコ目ネコ科
- 体長：0.96～1.5m
- 体高：0.6～0.7m
- 体重：60～140kg
- 棲息域：北アメリカ大陸南西部、南アメリカ大陸
- 食性：肉食（ネズミ、ウサギ、鳥類、は虫類、シカ等）
- 頭骨
  魅力のポイント：ライオンの様な風格
  大きさ：中
  貴重度：★★★☆☆

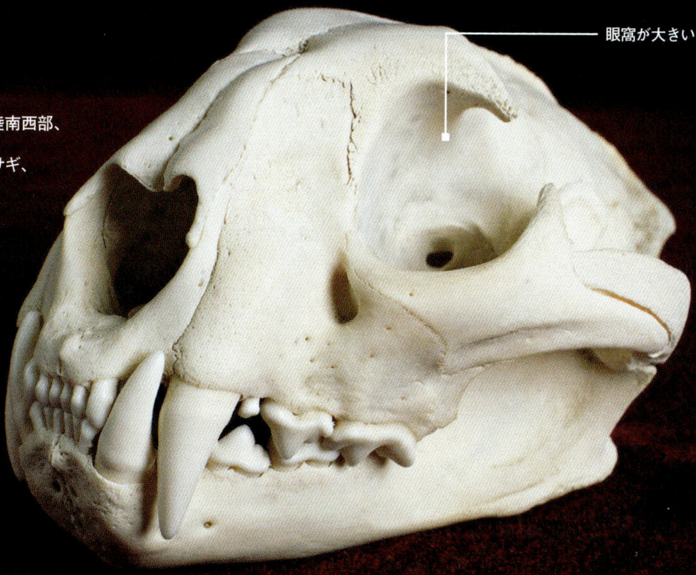

神奈川県立生命の星・地球博物館収蔵　標本KPM-NF 1002914

Puma concolon

ピューマ

肉食・雑食ほ乳類
ネコ科

すぐれた瞬発力をもつ「山のライオン」

分布は北アメリカ大陸のロッキー山脈から、南アメリカ大陸南端まで。地域により特徴があり、いくつかの亜種に分類されている。アメリカライオンやマウンテンライオンという別名があるように、顔立ちや体型はライオンに似ている。

ネコ科のなかでも、ヤマネコやイエネコの仲間である。ネコの仲間であるだけに、非常に瞬発力、跳躍力に優れているのも特徴だ。小型ほ乳類や鳥類、魚類はもちろん、シカやイノシシなどの大型の動物までを獲物にしている。非常にまれだが、家畜や人を襲うこともある。

フロリダ亜種など、現在は絶滅の危機に瀕しているものもおり、地域によっては保護の対象になっている。

神奈川県立生命の星・地球博物館収蔵　標本KPM-NF 1002914

頭骨を見ると、やや小さいもののライオンと非常に似ている。大型なネコ科の中では視力が良く眼球が大きいのが特徴である。

Hyaenidae

ハイエナ

(カッショクハイエナ)

ライオン以上に強靭なアゴで骨まで貪る

骨を噛み砕くハイエナはジャコウネコの仲間

一口にハイエナといっても小型～大型まで4種のハイエナが存在する。鳴き声が人間の笑い声に似ているために“ワライハイエナ”の異名を持つブチハイエナ。胴や脚に黒の縞模様があるシマハイエナ。シロアリを主食とするアードウルフ。そして今回頭骨を紹介するカッショクハイエナだ。

一見、イヌ科の仲間のように見えるが、ハイエナは"ジャコウネコ"に近い種だ。頭骨を見るとそれがわかる。

噛む力が非常に強く、バッファローのあばら骨などはバリバリと容易に噛み砕いてしまうほどだ。その力に耐えるため、強靭な頭骨をしているのだ。剣歯は強い力で折れないように太く短く、奥歯は非常に大きく頑丈だ。この強靭なあごで他の肉食生物が食べ残した骨までも噛み砕き、強力な消化器官で腐肉まで消化してしまう、まさに"サバンナの掃除屋"である。

ハイエナは見た目はイヌのようにも見えるため、イヌ科と間違えている人は多い

リーダーはメス　サバンナの掃除屋は女社会!?

ハイエナは女系社会であることも他の肉食動物とは違うところ。10～15頭の群れのリーダーはメスであり、さらにはメスのリーダーが産んだ長女が跡を継ぎ、次のリーダーになることもわかっている。

アードウルフ以外は食に対して非常に貪欲なところが特徴である。腐肉を食べるのはもちろん、時にはハイエナ同士で共食いをすることもあるという。宿敵はライオンであり、集団でライオンに立ち向かって追い払うこともあり、強靭なあごでライオンに深手を負わせることもあるのだ。

DATA

▶ネコ目ハイエナ科　▶体長：0.85～1.3m
▶体高：0.7～0.9m　▶体重：37～48kg
▶棲息域：サハラ砂漠以南のアフリカ、トルコ、インド
▶食性：肉食(ヌーやシマウマ等。腐肉も食べる)
▶頭骨
魅力のポイント：太くがっちりとした骨格　大きさ：中
貴重度：★★★☆☆

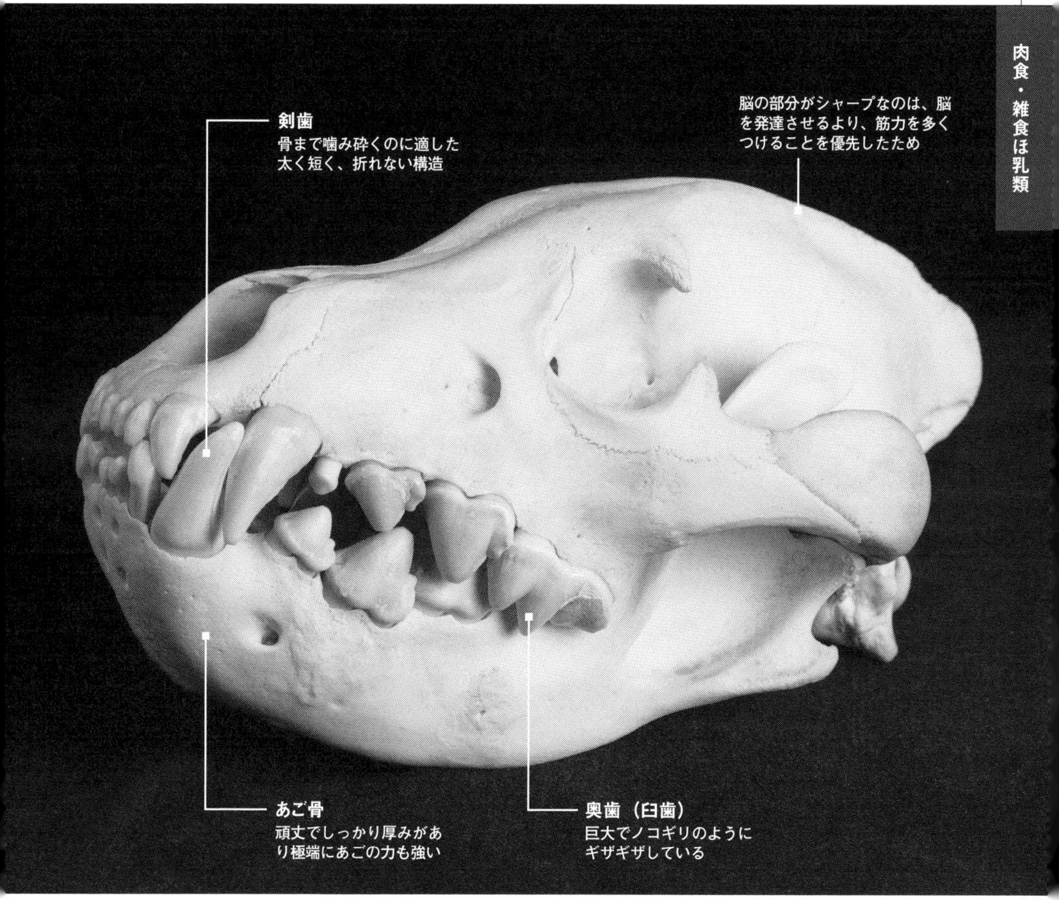
剣歯
骨まで噛み砕くのに適した
太く短く、折れない構造
脳の部分がシャープなのは、脳
を発達させるより、筋力を多く
つけることを優先したため
あご骨
頑丈でしっかり厚みがあ
り極端にあごの力も強い
奥歯（臼歯）
巨大でノコギリのように
ギザギザしている

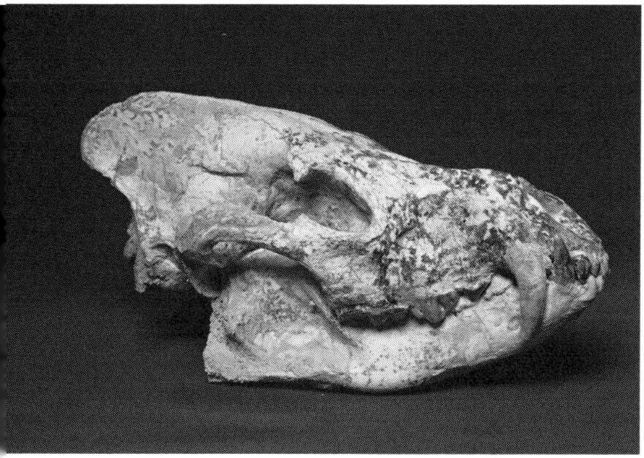

ハイエナの祖先、イクティテリウムの化石。鋭いキバがネコ目の特徴を表している

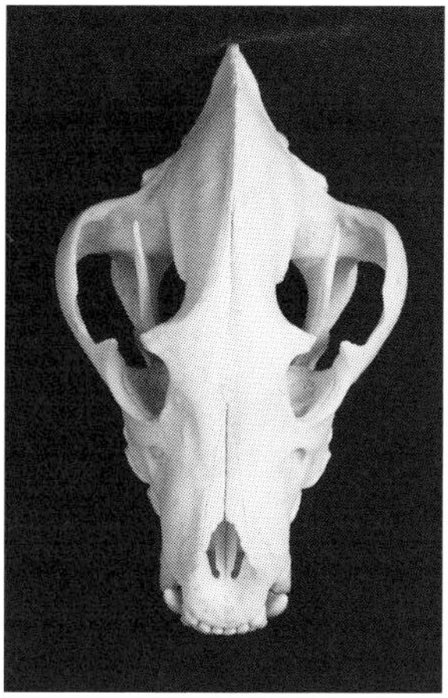

あごの力が極端に強い。奥歯は巨大なカッターとなり骨をも砕く。剣歯が太く短いのも特徴だ。後頭部が非常にシャープなのがわかる。よりがっしりと筋肉をつけることが可能

Ursus arctos

ヒグマ

キバと臼歯を併せもつのが雑食のあかし

秋に遡上する鮭を捕える姿はよく知られている

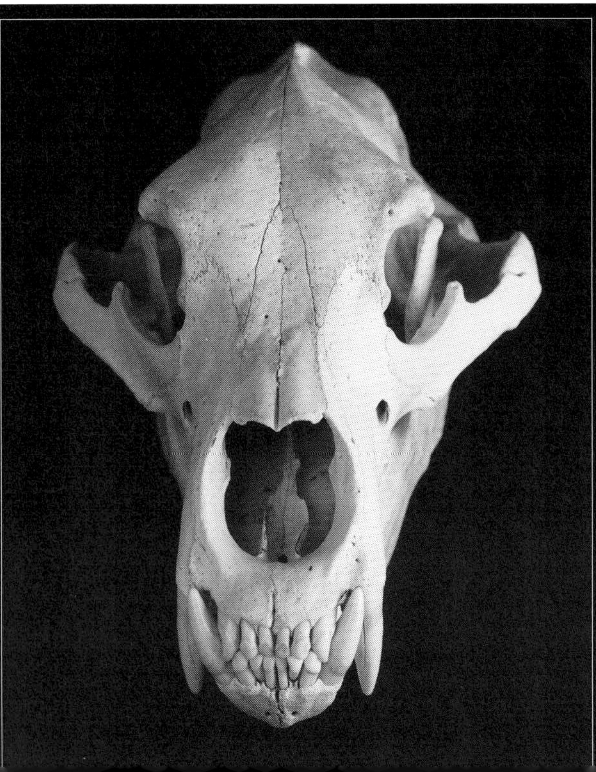

DATA

- ネコ目クマ科
- 体長：1.6〜2m
- 体重：150〜500kg
- 棲息域：ヨーロッパ、アジア、北アメリカ。日本では北海道全域（近縁種が北欧などに分布）
- 食性：肉食傾向の強い雑食（シカ、イノシシ、サケ、果実等）
- 頭骨
  魅力のポイント：巨大さ
  大きさ：大
  貴重度：★★☆☆☆

頭骨を見ると生体とは異なり、ほお骨の張り出しが弱く、口先が長く出ているのがわかる

日本に棲息する最大級の野生動物

日本に棲息する肉食獣の中で最大の体長と体重を誇っているのがヒグマだ。平均体長は1.6m、大きなものは２ｍに達し、体重は500kgを超す個体もいる。その巨体は大きいだけでなく非常に頑丈で、頭も大きく、肩も大きく隆起している。その肩から伸びた太い腕（前脚）は、ウシやシカなどの大きな身体を持つ動物をも倒してしまうほどのパワーを誇っている。

通常、映画『グリズリー』のようにヒグマが自ら進んで人を攻撃することはない。基本的には穏やかな性質をしており、人間があまりに近づいたりしない限りは、襲いかかることはめったにない。それどころか、北海道では幼い頃から人間と共に暮らし、芸をするものもいる。

雑食であり、山に生える野草を中心に昆虫や魚なども食べる。秋になると河川に遡《そ》上《じょう》する鮭を捕えて食べる姿があまりにも有名で、木彫りの土産品になっているほどだ。

しかし魚や昆虫を食べるだけのクマではない。飢えた個体が、巨大なツノを備えたエゾジカを倒して捕食していたという目撃例もあるので、抜群の格闘能力を持つと考えていいだろう。

頭骨はもちろん大きく、ツキノワグマの３倍はあり、大型のオスでは頭骨長45㎝にも達するものもいる。生体時の頭（顔）は横幅があり丸顔という印象があるのだが、頭骨には横幅がなく、ほお骨の張り出しも少なく、口先も長いため、意外とスリムな印象を受ける。あごの力はさほど強くなく、キバもツキノワグマよりは比率として小さいこともわかる。

横からの写真では、その草食性を有す大きな奥歯（臼歯）のほうが印象に残るだろう。

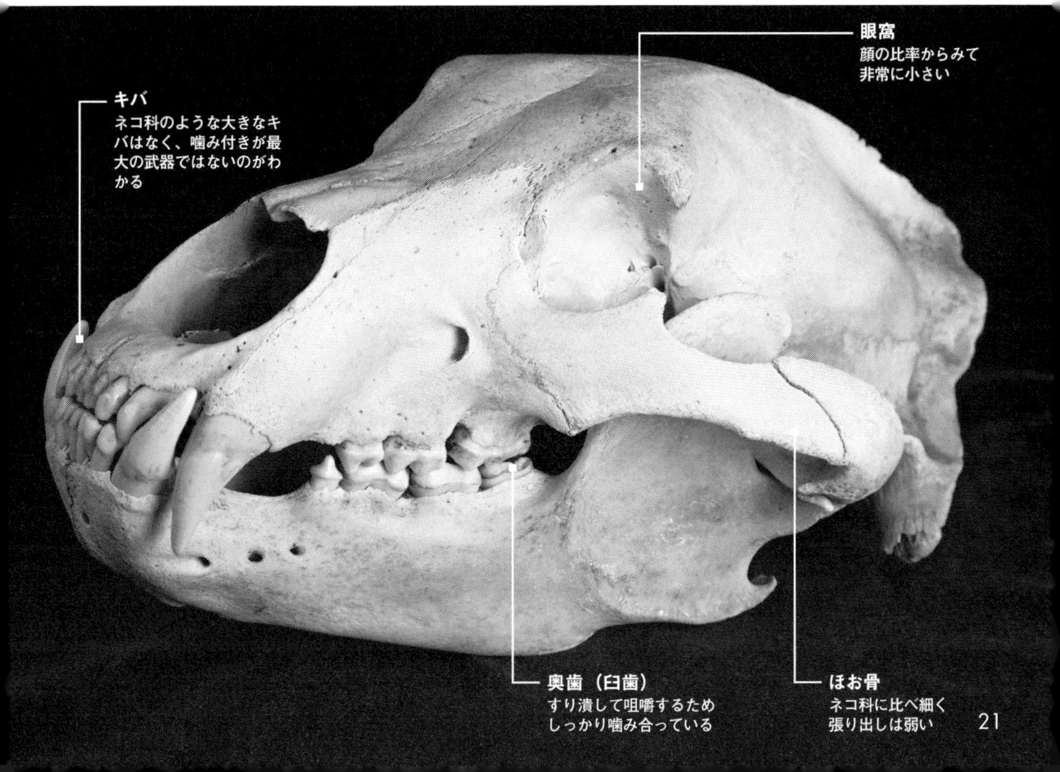
眼窩
顔の比率からみて非常に小さい
キバ
ネコ科のような大きなキバはなく、噛み付きが最大の武器ではないのがわかる
奥歯（臼歯）
すり潰して咀嚼するためしっかり噛み合っている
ほお骨
ネコ科に比べ細く張り出しは弱い

Ursus maritimus

ホッキョクグマ

長い首をのばし獲物を見逃さない極北の狩人

雪と氷に閉ざされる
北極圏で独自の進化

雪と氷の世界である北極という白の大地で獲物を狩るため、“シロクマ”の別名を持っている。系統的に非常に近い仲間であるヒグマよりも、身体の大きさはひと回り大きい。目立った身体の特徴は、世界中に棲息するほかのクマと比べると最も首が長いところ。首の骨が多いわけではなく、一節一節の骨がほかのクマよりも長くなっているのだ。

その長い首の先端に付く頭骨を見てみると、長い首の骨と連なるように後頭部が長く伸びており、ヒグマなどの頭骨と比べると全体的に細長いが、逆に頭骨前部は短い。

ホッキョクグマの首が長いのは、真っ白な北極圏の大地において、遠くの獲物を確認しやすいように進化したものと考えられる。ホッキョクグマの視力はほかのクマに比べ、非常に高いことがわかっており、それももちろん獲物を見つけやすくするためだ。さらに長い首は獲物を咥えやすいように進化した結果。例えばアザラシの群れの中から子供のアザラシを咥え出すのに、首の短い丸い顔は、不利だからではないだろうか。さらには長い首と小さな頭は自らの体型を流線型にし、氷海を泳ぐのに有利にするためと考えられている。棲息する寒冷地で獲物を捕ることに適応するため、進化した頭骨なのだ。

雑食であるのだが、その巨体を維持するためには、１日に１万カロリー以上も摂取しなければならず、クマの中でも肉食性が非常に強い。主食はアザラシであり、ほかにもシロイルカや魚類、鳥類も捕食する。クジラの死体を食べている姿も確認されている。さらには体長３ｍ、体重１ｔを超すセイウチでさえ、捕食のために襲うことがある。こうした生態に最適化して進化した形態、といっても過言ではないだろう。

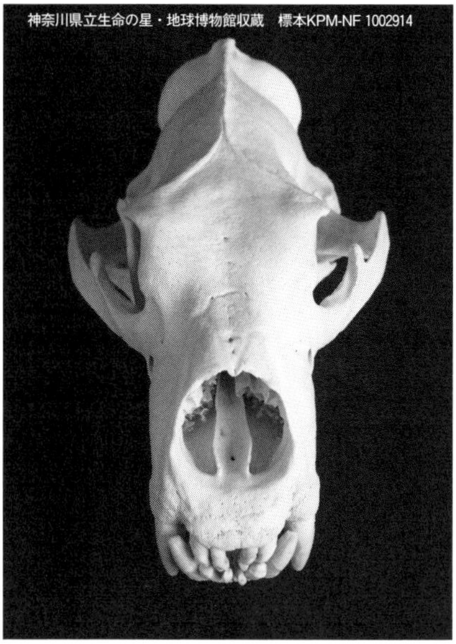
神奈川県立生命の星・地球博物館収蔵　標本KPM-NF 1002914

DATA

▶ネコ目クマ科
▶体長：1.8～2.5m　▶体重：300～800kg
▶棲息域：北極、北アメリカ大陸北部、ユーラシア大陸北部
▶食性：肉食傾向の強い雑食
（アザラシ、魚類、シロイルカ、コンブ等）
▶頭骨　魅力のポイント：長い後頭部　大きさ：大
貴重度：★★★★☆

神奈川県立生命の星・地球博物館収蔵　標本KPM-NF 1002914

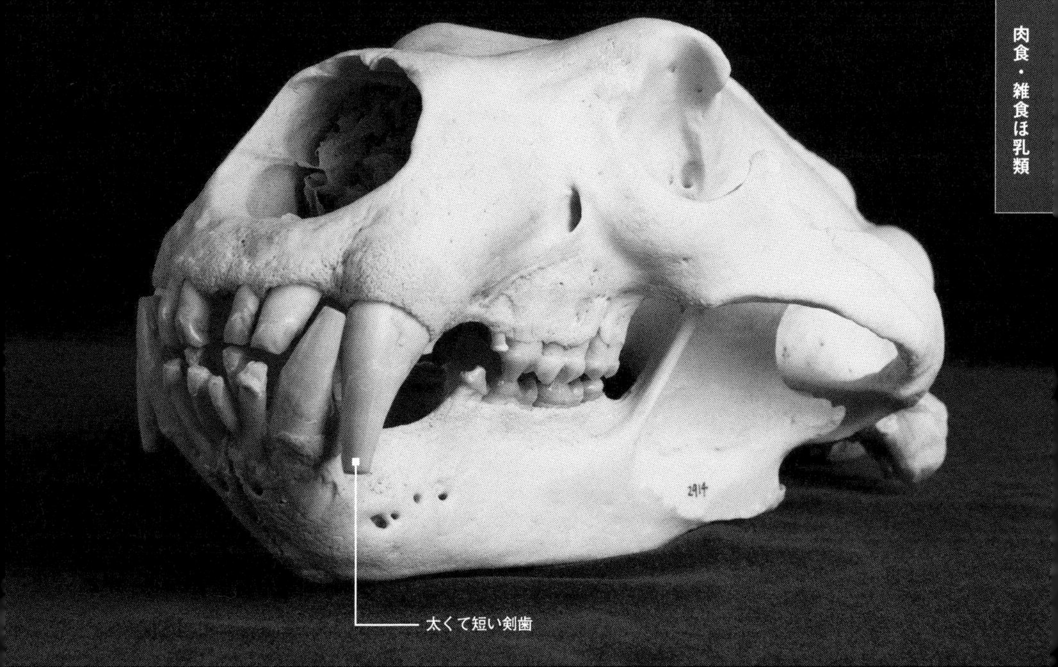

神奈川県立生命の星・地球博物館収蔵　標本KPM-NF 1002914

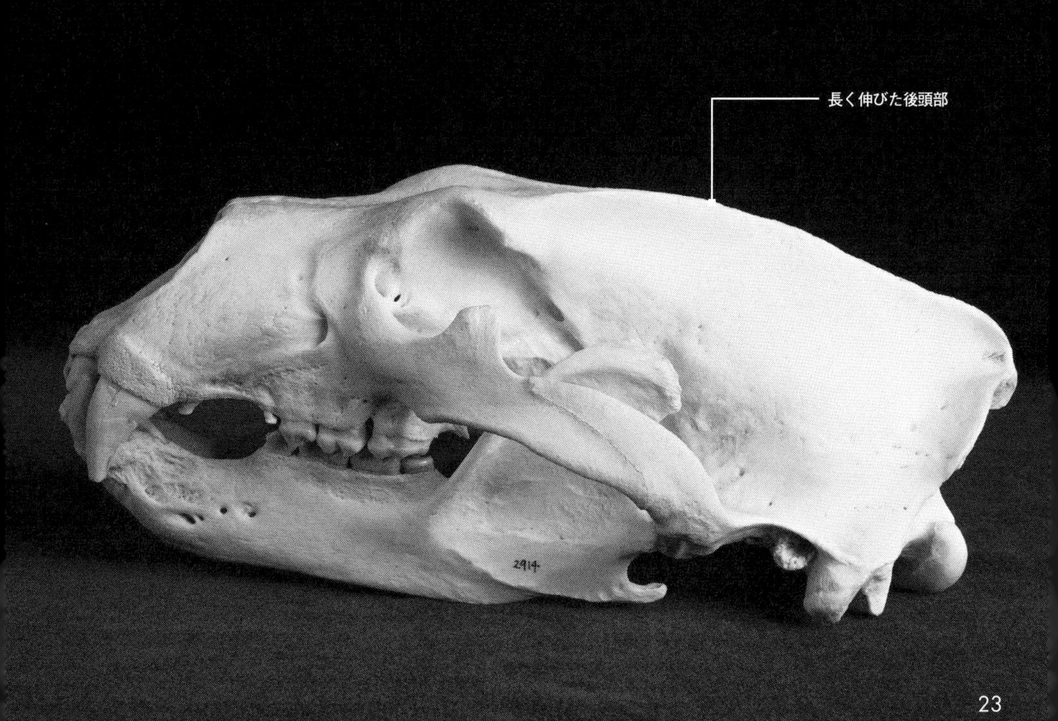

Ursus thibetanus

ツキノワグマ

カワイイ外見とは裏腹に気性の荒い日本の猛獣

気性が荒く腕力と鋭い爪が武器 最も身近な“危険な生き物”

本州、四国などに棲息しているツキノワグマ。その体長は１ｍ〜1.5mほどである。同じく日本に棲息しているクマ属といえば、ヒグマがいる。こちらは北海道に棲息し、その体長は2mに達する（P20〜21）。それと比べると、ツキノワグマはだいぶ小柄で、見た目の迫力もあまりなく、ちょっと可愛く感じられる。だがしかし、穏やかな性質のヒグマよりもツキノワグマの気性はとても荒く、本州に棲息している野生動物の中で最も獰猛なのではといわれるほどなのだ。

可愛いけど凶暴なツキノワグマ

ツキノワグマは獰猛な性質を持っているだけではなく、特にその前脚は、とんでもないパワーとスピードを誇っている。パンチ力にすると１発500kgを超し、指の先には鋭い爪が生えている。さらには鋭いキバでの噛みつきもあり攻撃力は高い。ツキノワグマが本気で襲ってきたら、人間は敵うわけもない。人里近くに棲んでいることも多いため、毎年100人以上の被害者が出ているほどだ。その中でも最も危険なのは子供連れのメスだろう。出会ったら最後、逃げても人間の足ではすぐに追いつかれてしまう。

被害に遭わないためには、棲息地域では常に音を出し、人間の存在を知らせることが重要だ。聴覚が鋭いので、音を立てれば近寄ってはこないのだ。さらには習性として、背を見せて逃げるものを追いかけるため、出会ってしまった時は背を向けずに後ずさると襲われにくい。

頭骨は意外と華奢であり、想像以上に小さい。大きな個体の頭骨でも、前後の長さは25㎝ほどで、キバも小さい。しかし、上あごと下あごのキバが長く伸びているところから、その獰猛性が見て取れるのではないだろうか。そしてそのバランスから見ると、ヒグマと比べ小さいながらもほお骨が横に張りだしており、口先も短く、非常にまとまりがよく、カッコいい頭骨である。

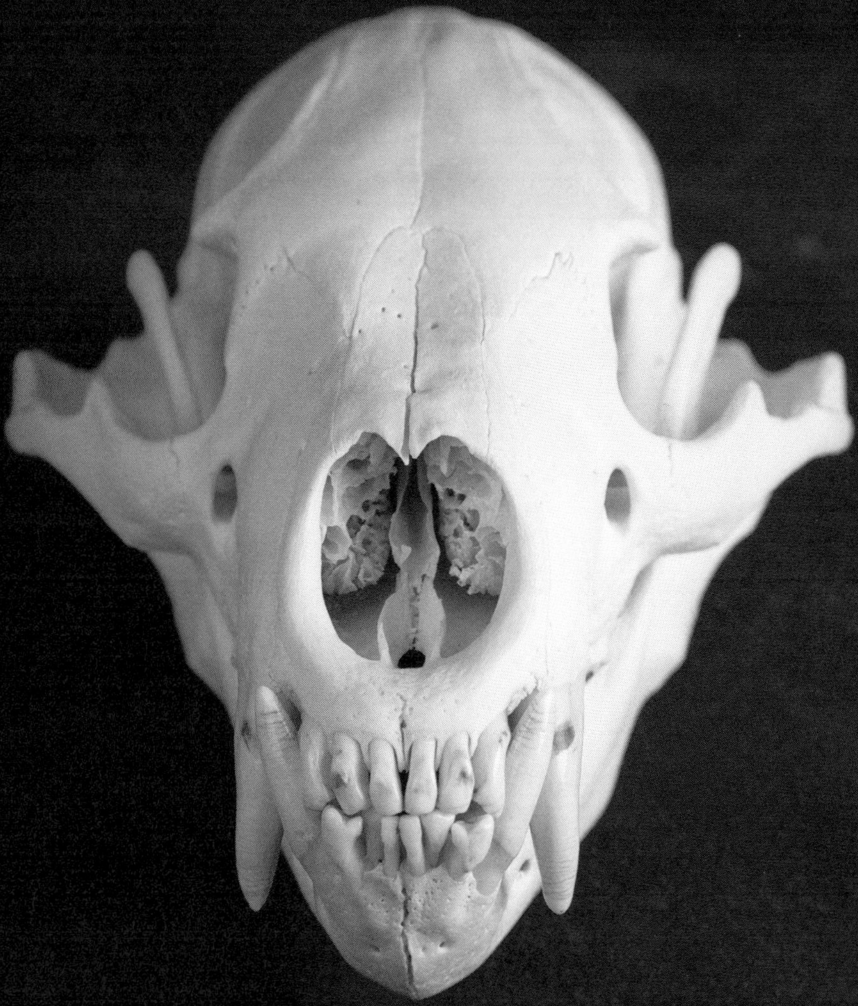

DATA

▶ネコ目クマ科
▶体長：1〜1.5m　▶体重：40〜150kg
▶棲息域：日本（本州、四国）、アジア各地
▶食性：草食傾向の強い雑食
（果実、昆虫、シカの子供等）
▶頭骨
魅力のポイント：ほお骨の張り出し
大きさ：中
貴重度：★★★☆☆

ネコ科の動物に比べると完全な肉食性の造りはしておらず、剣歯も小さく雑食性であることがわかる

Melursus ursinus

ナマケグマ

シロアリなどを食べるために前歯がない変わったクマ

テレビでも人気 可愛く魅力的なクマの一種

体格は小さいが、頭は大きく、非常に可愛らしくユニークな体型をしているナマケグマ。アジアにのみ棲んでいるクマの仲間で、長いボサボサの体毛と、前脚の爪が大きいのが特徴だ。時として、この爪は人への深刻な被害をもたらし、野生種の棲息域では毎年、多くの人間が犠牲になっている。

特徴である大きな爪を使って木にぶら下がることから、発見当初はナマケモノの仲間だと思われたために“ナマケグマ”という名前になったとも言われている。しかし、けっして“怠け者のクマ”なわけではない。朽ち木を崩したり穴掘りをして、シロアリや昆虫の幼虫、果実などを捕食する。シロアリを捕食する時は、舌をストロー代わりにして吸い込むのだが、その時の音が非常に大きく、周囲100m四方にも響き渡るという。

ナマケグマは、体長はヒグマよりも小さいのだが、頭は大きいために頭骨はヒグマ並みの大きさである。おまけにゴツく、頑強な印象を受ける。歯の部分を見ると前歯（門歯）がないのもわかるだろう。この間から、シロアリなどの細かい食べ物を吸い取るのだ。

クマの中では非常に変わった生態を持つが、最も変わっているのはその子育て方法だ。母親が半年ほどの間、子供を常に背中に背負って生活をするのだ。子供がトラやヒョウなどの天敵に襲われないためには、最も良い子育て法だろう。母親の長い毛に子供がつかまっている“おんぶ状態”のナマケグマは、非常にキュートでユニークであり、テレビ番組などでも取り上げられ、日本でも有名になった。だが、日本では数えるほどの動物園でしか飼育されておらず、目にする機会は少ない。

顔が長く爪も長い独特の外見をしたクマだ

上あごの前歯２本が消失している。
非常に特異な動物

神奈川県立生命の星・地球博物館収蔵　標本KPM-NF 1004786

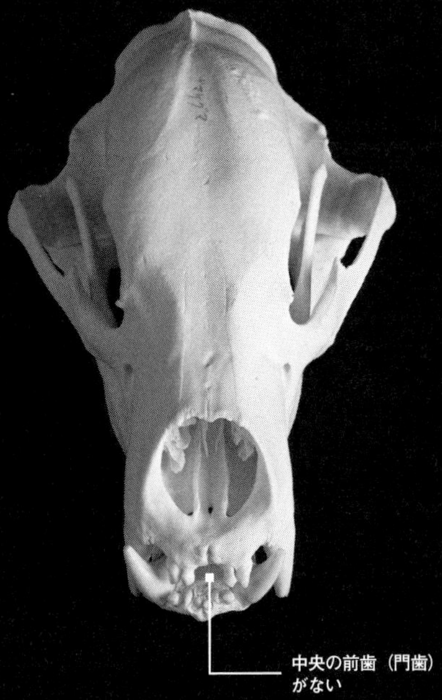

DATA

- ▶ネコ目クマ科
- ▶体長：1.2〜1.7m
- ▶体重：55〜145kg
- ▶棲息域：インド、ネパール、
  バングラデシュ、ブータン、スリランカ
- ▶食性：雑食
  （シロアリ、鳥類の卵、果実、ハチミツ等）
- ▶頭骨
  魅力のポイント：しっかりとした造り
  大きさ：大
  貴重度：★★★★☆

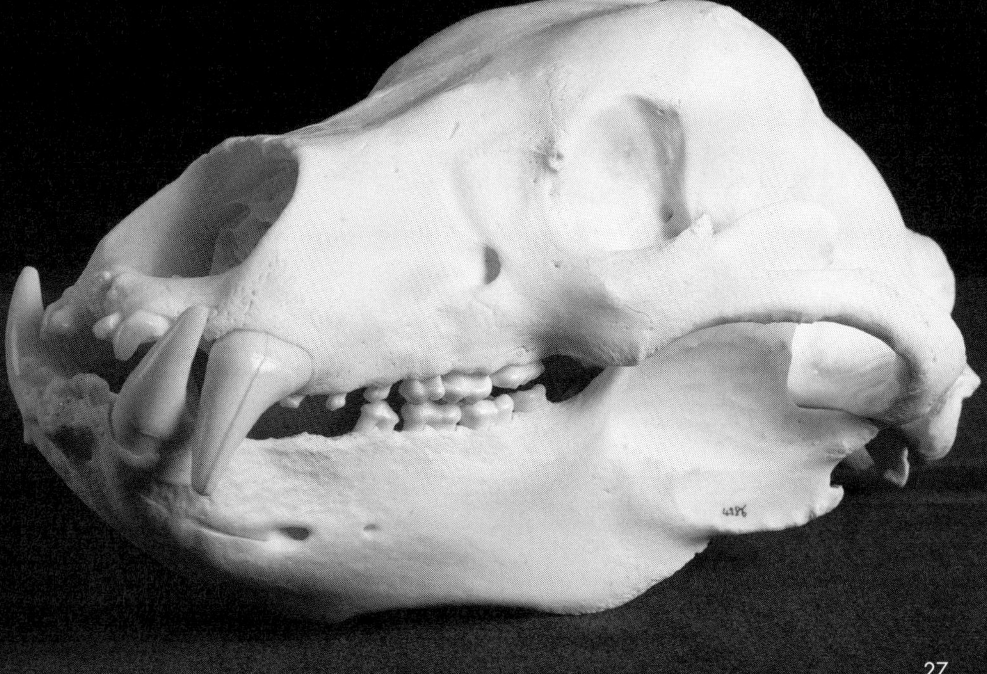

神奈川県立生命の星・地球博物館収蔵　標本KPM-NF 1004786

Ailurus fulgens

レッサーパンダ

元祖「パンダ」はこちら! 意外に鋭いキバをもつ

丸く可愛い顔だちをしている

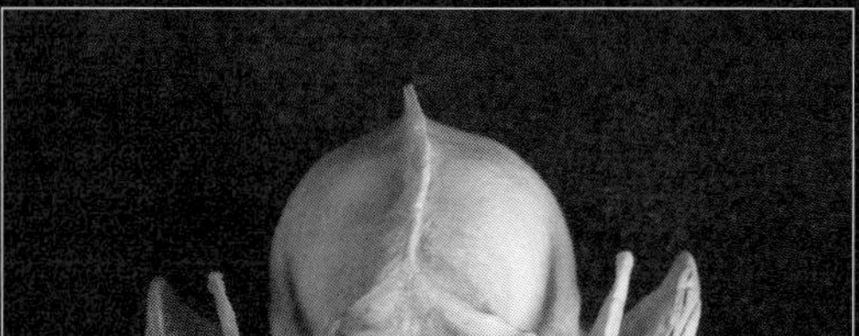

あごの骨が大きく、あごの力とともに噛む持久力も兼ね備えていると考えられる

神奈川県立生命の星・地球博物館収蔵　標本KPM-NF 1004712

DATA

- ▶ネコ目レッサーパンダ科
- ▶体長：0.6〜0.7m
- ▶体重：5〜8kg
- ▶棲息域：インド北東部、ミャンマー北部、中国南部
- ▶食性：雑食（タケノコ、昆虫、果実等）
- ▶頭骨
  魅力のポイント：大きなあご骨
  大きさ：中
  貴重度：★★★★☆

立ち上がる可愛らしい姿で 動物園で人気急上昇!

ジャイアントパンダが周知されるまでは、レッサーパンダこそが“パンダ”だった。ジャイアントパンダが発見された後に、それまでのパンダをレッサーパンダ（小さいパンダ）と呼ぶようになったのだ。中国語でもジャイアントパンダは大熊猫、レッサーパンダは小熊猫と呼ばれている。

かつてはジャイアントパンダと近縁関係にあると考えられていたが、現在ではそれは否定されている。ジャイアントパンダはクマ科、レッサーパンダは独立したレッサーパンダ科とされている。また、ジャイアントパンダとは指などに共通する点が見られるが、それは類縁関係の遠い生物が適応により似た形態になるという「収斂《しゅうれん》進化」だと見られている。

見た目もクマのようなジャイアントパンダとは異なり、顔の丸いアライグマ、アニメなどで描かれるタヌキ、または太ったオオイタチといった印象の容姿を持っている。しかしいずれにしろ可愛らしい姿を持っているのはジャイアントパンダと同じだといえよう。

頭骨の形状は、小さいもののジャイアントパンダに似ており、小さいながら、しっかりとしたキバが生えているのも特徴。また可愛い外見に似合わずあご骨が発達している。

日本では、2005年に千葉市の動物園で飼育されている“風太くん”の２本足で直立する可愛らしい姿が話題になり、一躍人気者になった。これは通常、警戒のための行動で、野生のレッサーパンダも辺りを見渡すために２本足で立ち上がることがある。

なお、野生のレッサーパンダは標高1500m以上の森林などに棲み、食性は雑食。竹やタケノコや果実などのほかに、小型ほ乳類、昆虫類なども食べることがわかっている。

神奈川県立生命の星・地球博物館収蔵　標本KPM-NF 1004712

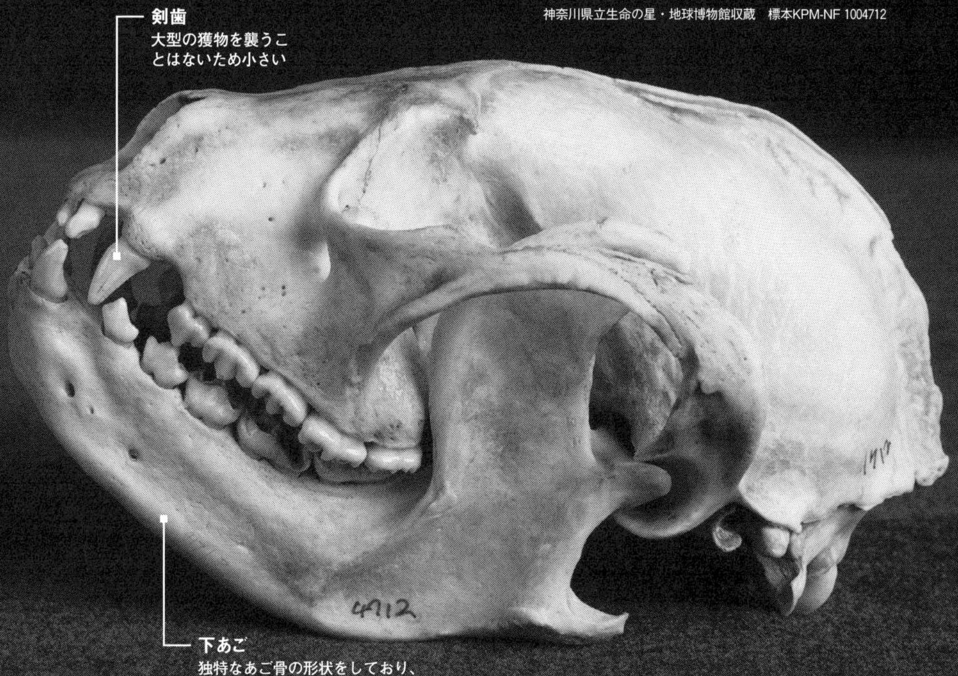
剣歯
大型の獲物を襲うことはないため小さい
下あご
独特なあご骨の形状をしており、噛む力も強いことがわかる

Procyon lotor

アライグマ

頭骨も習性も意外と野性味溢れる

アメリカ原産のタヌキ!? 日本の野山や民家周りにも棲息

その名前から、食べ物を洗うという特徴が知られており、アニメのキャラクターなどで人気があるアライグマ。体毛は灰褐色で、目の周りに黒い斑紋があり、その周りの毛が白いのが特徴だ。水辺近くの森林に棲み、木に登っている姿も見かけられる。

魚類、鳥類、ほ乳類、両生類、は虫類、甲殻類、果実など幅広い種類の食物を食べる雑食性であるが、鋭いキバもあり肉食性の傾向も強い。前脚の先にある指が発達しており、両手で獲物を捕まえるのが特徴。視力があまりよくないため、両前脚を突っ込んで水中の獲物を探る仕草も、手を洗っているように見える。

見た目はタヌキと非常に似ており、誤認されることも少なくない。形態的にタヌキと異なっているのは、黒い横縞の入った長いふさふさした毛の生えた尾である。

アメリカやカナダが原産で、その愛らしい姿から、以前は日本でもペットとして販売され、飼われることが多かった。しかし、ペットのアライグマが遺棄されたり、動物園から逃げ出したアライグマが野生化し、現在は日本中に棲息しているという。そのため2005年には特定外来生物に指定され、許可なく飼育、譲渡、輸入することは禁止されている。

アライグマとタヌキの頭骨は、大きさも形もほとんど変わらない。大きさも手頃で、野生感が味わえ、動物の頭骨としての基本的な魅力が詰まっているため、教材としてもよく使われている頭骨でもある。

キャラクターのイメージとは裏腹に、あご骨がやや張り出し、キバもあることから意外に肉食獣らしいアライグマ

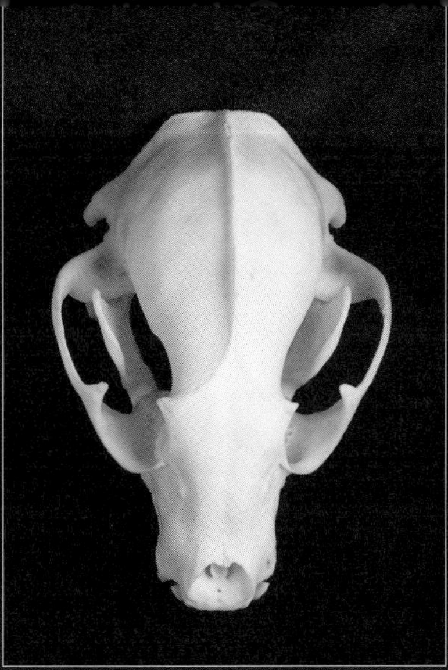

キツネに比べ口は短く
ほお骨の張り出しはやや強い

DATA

- ネコ目アライグマ科
- 体長：0.5〜0.6m
- 体重：5〜10kg
- 棲息域：アメリカ、カナダ南部、メキシコ
- 食性：雑食（カエル、ナマズ、ザリガニ、果実等）
- 頭骨

  魅力のポイント：手頃な野生感

  大きさ：中

  貴重度：★☆☆☆☆

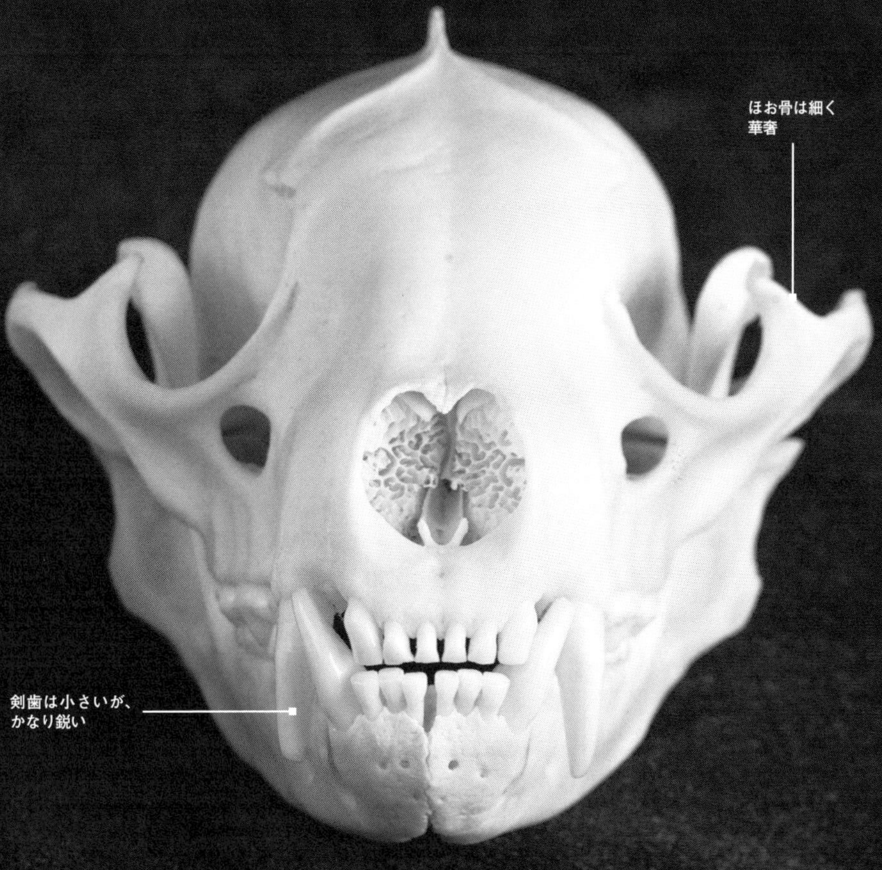
ほお骨は細く
華奢
剣歯は小さいが、
かなり鋭い

DATA
▶ネコ目イヌ科　▶体長：0.65～1.06m　▶体高：0.47m　▶体重：7～15kg
▶棲息域：インド、ギリシア、ケニア、セネガル　▶食性：肉食（ネズミ、ウサギ、サトウキビ等）
▶頭骨　魅力のポイント：シャープさ　大きさ：中　貴重度：★☆☆☆☆

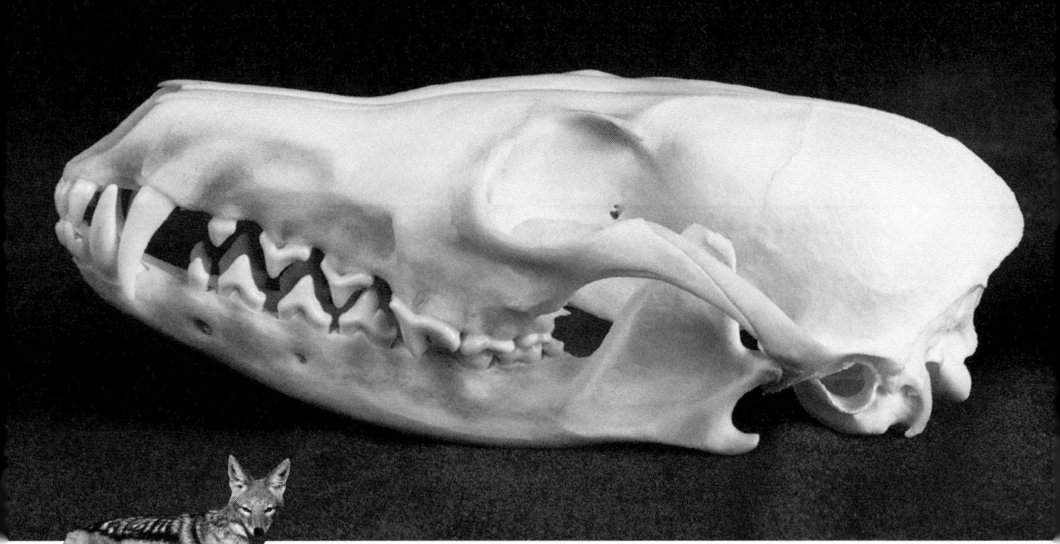

Canis aureus

ジャッカル

神としても畏怖されたシャープな頭の肉食獣

オオカミに近い仲間だが、オオカミよりも耳が大きく、嗅覚が非常に鋭い。単独もしくは少数の群れを作り、食性は雑食だが肉食の傾向が強く、小型ほ乳類などを襲う。

死肉を漁ることから、インド神話では血と殺戮《さつりく》の女神カーリーの眷属《けんぞく》とされ、エジプト神話では冥界の神アヌビスと関連づけられていた。人間から怖れられ、あるいは忌み嫌われていた存在だったのである。

よりオオカミやイヌと近縁なキンイロジャッカルとアビシニアジャッカルは、イヌと交配でき、その子供はジャッカルハイブリッドと呼ばれている。シベリアンハスキーなどの犬種と掛け合わせた交配犬種スリモヴ・ドッグは、嗅覚が鋭いことから、ロシアでは空港のセキュリティーとして麻薬や爆発物を探索している。現在はジャッカルの子孫が人間の役に立っているのだ。

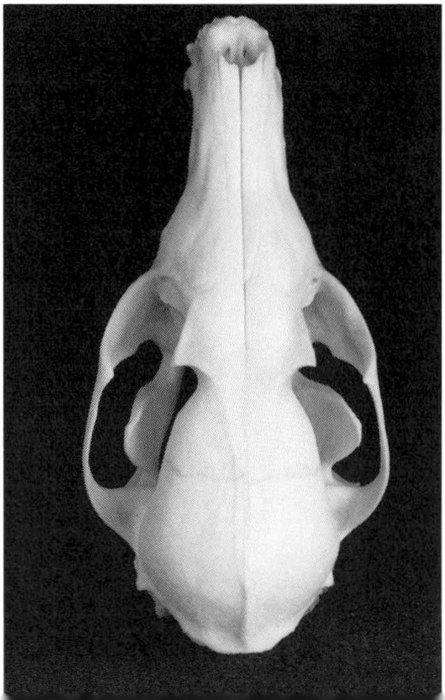

口が非常に細長く突き出ており、後頭部の膨らみも比較的大きい

Canis lupus

オオカミ

精悍な顔つきをしたペットのイヌのご先祖

オオカミというとタイリクオオカミのことを指し、その亜種が世界各地に分布している。その数は30種以上も存在する。

日本にも北海道にはエゾオオカミが、本州以南にはニホンオオカミが棲息していたが、いずれも明治時代に絶滅。昔はオオカミの頭骨や毛皮を保管していた民家も時々あった。そんな日本のオオカミも、タイリクオオカミの亜種のひとつだ。

愛玩動物のイエイヌは、大昔に飼い慣らされたオオカミの子孫だと考えられている。

北方のオオカミほど体長が大きく、体重が重い。記録に残る最も大きな個体はアラスカで捕獲された79.3kgのオスの個体であったという。その頭骨は精悍で、長く伸びた剣歯も魅力だ。あご骨も頑丈でがっしりして厚みがある。ハイエナよりも大きく鋭利な歯も特徴的だ。

日本でも民話や童謡にしばしば登場するのでおなじみ（写真は剥製の顔）

DATA
▶ネコ目イヌ科　▶体長：1〜1.6m　▶体高：0.6〜0.9m　▶体重：25〜80kg
▶棲息域：ユーラシア北端部、アメリカ、インド　▶食性：肉食（シカ、イノシシ等）
▶頭骨　魅力のポイント：精悍な面構え　大きさ：やや大　貴重度：★★★☆☆

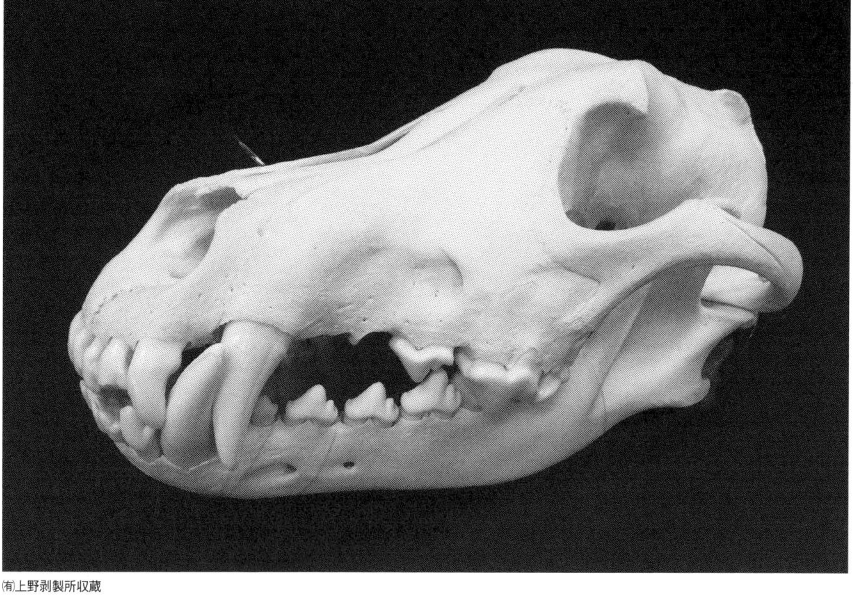

㈲上野剥製所収蔵

肉食・雑食ほ乳類
イタチ科

Mustelidae

イタチ

骨を見ると奇妙なイメージ
長い後頭部に鋭い剣歯

イタチとミンクを比較するとイタチのほうが前頭部が短く、後頭部が長い。またイタチのほうが、前頭部に高さがあり、あごやほお骨が発達し、噛む力が強いのがわかる

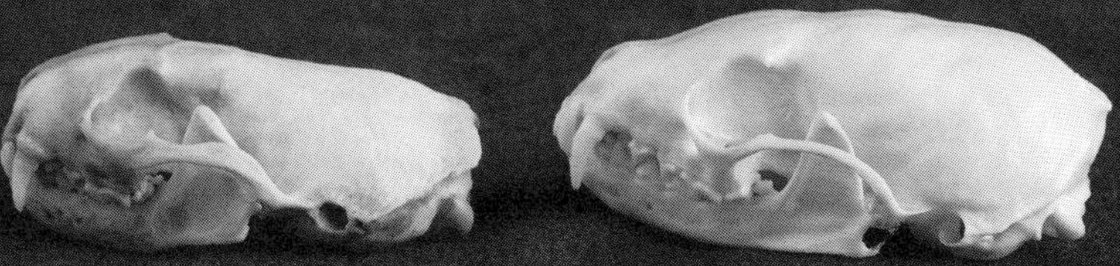
[イタチ]
[ミンク]

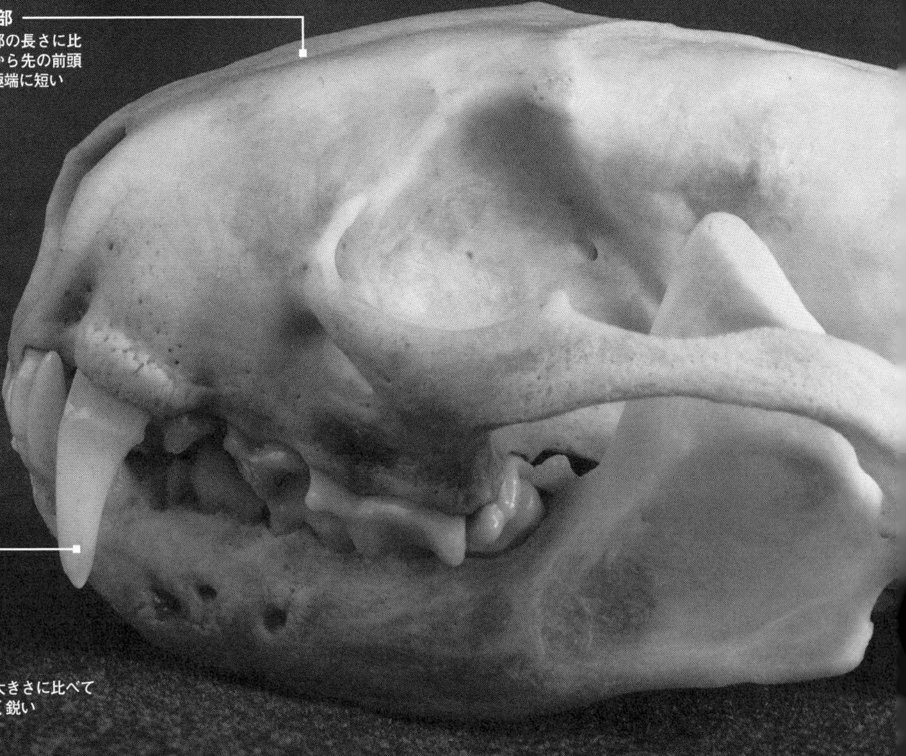
前頭部
後頭部の長さに比べ眼から先の前頭部が極端に短い
剣歯
頭の大きさに比べて大きく鋭い

独特な細長いフォルムと シャープなキバ

小さな身体にもかかわらず、自分より大きな家畜のウサギや鶏、また池の鯉などを捕食する獰猛さを持っているのがイタチだ。ネズミ類が主食だが、鳥類の卵、昆虫類、カエル、ザリガニなども食べる。細長くしなやかな身体、短い脚を持ち、非常に俊敏な動きをする。

頭骨は特徴的で、後頭部が異常に細長い。まるで映画『エイリアン』に登場するエイリアンを思わせる。そして非常に発達している剣歯も印象的だ。イタチ属の仲間であるミンク、オコジョ、そしてイタチ科の仲間であるテンなどの頭骨と比べると、形状は似ているのだが、イタチが最も頑丈であり、あごの骨も発達しているのがわかるだろう。

日本では、なにもない所で突然顔や手が切れる怪奇現象を“カマイタチ”といってイタチの仕業にしていた。小さい動物ながら、その獰猛さは良く知られていたのだ。

有名なカマイタチの他にもイタチは妖怪視されており、イタチの鳴き声は不吉の前触れ、イタチの群れは火災を起こす、イタチもキツネやタヌキと同じく化けるなどと考えられていた。身の危険を感じると肛門腺から強烈な匂いの液を分泌する習性があり、これがいわゆるイタチの最後っ屁だ。攻撃の多彩さも楽しいかぎり。日本に棲息しているのはニホンイタチとシベリアイタチであり、北海道から九州、南西諸島まで幅広く分布している。

非常に華奢というイメージしか湧かない、姿が特徴的なイタチ

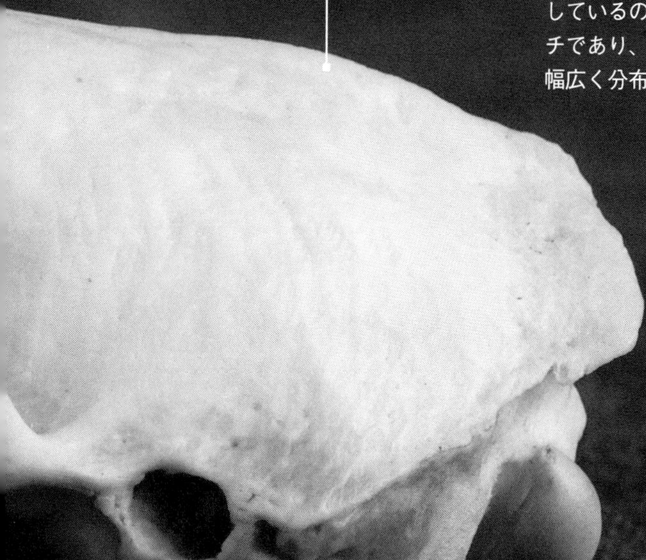

DATA

- ▶ネコ目イタチ科
- ▶体長：0.16〜0.37m
- ▶体重：0.12〜0.65kg
- ▶棲息域：ユーラシア、アフリカ、南北アメリカ大陸の亜熱帯から寒帯
- ▶食性：主に肉食（ネズミ、魚、カニ、ミミズ、ヤマブドウ、マタタビ等）
- ▶頭骨
  魅力のポイント：エイリアンのような頭骨
  大きさ：小
  貴重度：★☆☆☆☆

Babyrousa babyroassa

肉食・雑食ほ乳類
イノシシ科

バビルサ

「悪魔的」とも「魔除け」ともいわれる最も不思議な生き物

雄同士はキバを突き合わせ力比べをする。その様子はシカの角突きと同じだ

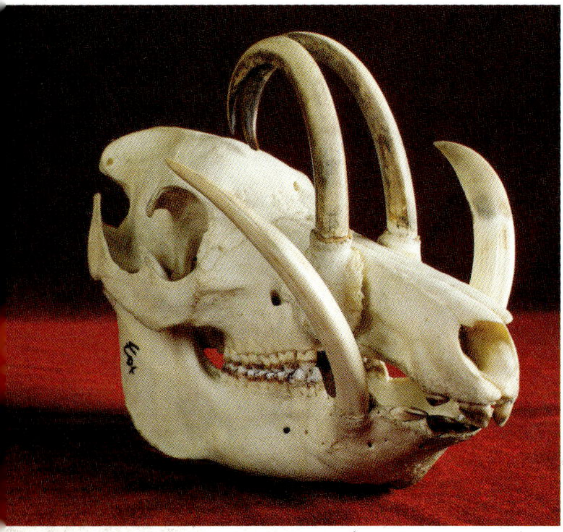

神奈川県立生命の星・地球博物館収蔵　標本KPM-NF 1002751

DATA

- ▶鯨偶蹄目イノシシ科
- ▶体長：0.85〜1.3m
- ▶体高：0.65〜0.85m
- ▶体重：60〜80kg
- ▶棲息域：インドネシアのスラウェシ島とその近隣の島
- ▶食性：雑食
  （有毒なパンギノキ等も食べる。泥等を食べてこれを中和する）
- ▶頭骨
  魅力のポイント：
  頭部を突き破るようなキバ
  大きさ：大
  貴重度：★★★★★

上あごのキバは歯ぐきから生えるのではなく、上あご側にキバの接続基骨があり、そこから上方に向かって生える。特異な動物だ

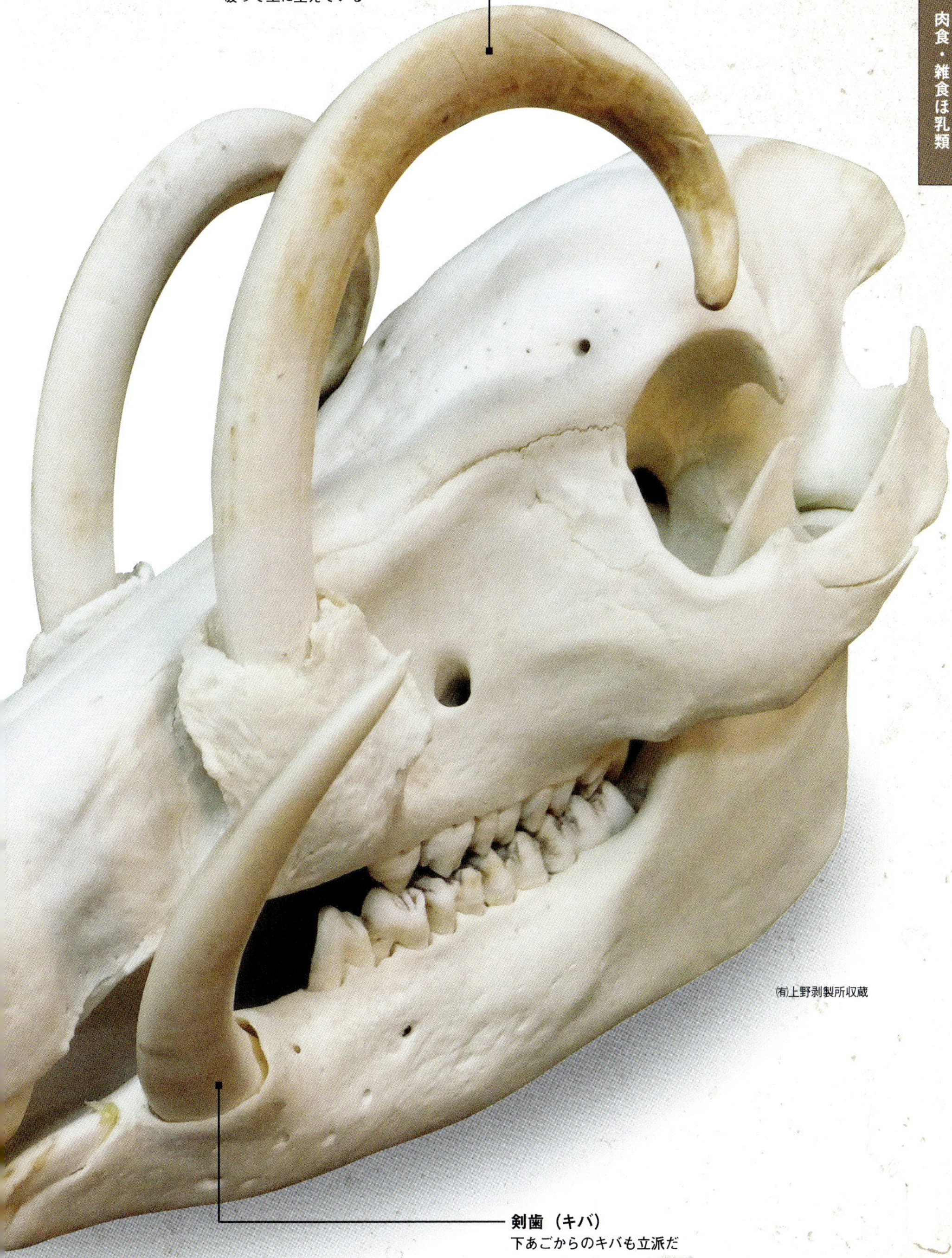
剣歯（キバ）
自らの上あごの肉を突き破って上に生えている
剣歯（キバ）
下あごからのキバも立派だ

㈲上野剥製所収蔵

4本のキバが高く突出して湾曲 奇怪な頭部を持つ奇獣

バビルサはインドネシアのスラウェシ島とその近隣の島だけに棲息している、イノシシ科の動物である。インドネシアでは絶滅危惧種に認定され、国法によって保護されており、そのためインドネシア以外の国ではほとんど知られていない、神秘の動物だ。

体長はおよそ80～100cm、体重は60～100kgと、日本のイノシシよりも一回り以上小型である。熟した木の実や植物、昆虫、カタツムリ、ミミズなどを食べる雑食性。体毛がほとんどないため、泥浴びをして体についた寄生虫を取り除く習性がある。

バビルサは雑食動物でありながら強烈なキバを上下のあごから上に向かって生やし、その不気味な眼光も手伝って悪魔のようだといわれている。他の動物にはない、異様な伸び方をするオスの上あごのキバは、衝撃的だ。

下あごのキバはイノシシと同じように長く湾曲して伸びているのだが、上あごのキバも上に向かって大きく伸び、上あごの両サイドから大きく突き出しているのだ。さらにそのキバは自らに向けて湾曲し、時には頭部へ向かって曲がって伸びた上あごの先端が、頭蓋骨に刺さり込むこともあるのだ。この異様なキバのフォルムが、悪魔的と言われるゆえんなのである。

巨大なキバがあるもののその頭骨はイノシシと同様だ

神奈川県立生命の星・地球博物館収蔵　標本KPM-NF 1002751

国内、最高のクオリティと言われるバビルサの頭骨。そのたたずまいは真に芸術品のようだ

なぜキバがこのように伸びるのか、なんのためにあるのかは判明していないが、キバが大きく立派なオスのほうがメスとの交尾の可能性が高いことがわかっている。オス同士の喧嘩になるとお互いのキバを折ろうとするのは、ライバルを減らすためだと考えられている。

現地では大切に保護されているのだが、雑貨屋の棚にさりげなく頭骨が置かれているのを見かけたことがある。キバが自らの眼窩の前まで伸びていることから、“死を見つめる動物”とも呼ばれ、現地では神聖化されており、頭骨が魔除けの道具にも使われるためだ。

参考までに、いくらなのか聞いてみると、「ワンハンドレッドミリオンルピア（100万ルピア＝約8500円）」と返事が来た。日本円では非常に安いのだが、日本へ持って帰ることはできない。

Sus scrofa

イノシシ

シャープで美しい頭の形 キバを常に研ぐようなしくみも

野山を駆け回る 森のジェット戦闘機

日本に広く分布し、比較的身近な野生動物であるイノシシ。その気性は非常に荒く、人間の被害はツキノワグマよりも多い猛獣ともいえる。攻撃方法はもちろん、その脚力と体重を利用した突進だ。時速40kmほどの速さでまともに突撃されると、大人の男性でもはね飛ばされてしまうだろう。相手が車であったとしても、怒濤のごとくアタックしていくことがあるという。

突進ではね飛ばすだけでなく、その鋭いキバは人間の皮膚など簡単に切り裂いてしまう。日本でもイノシシの攻撃による死亡事故は少なくないが、その多くはキバで切り裂かれたための、失血死である。頭骨で見るとわかるように、イノシシの上下のキバは擦り合わされるようになっおり、常に研いでいるような状態なのだ。そのために、キバの切れ味はまるで“カミソリ”のよう。抜群のキレ味で皮膚ぐらいならざっくり一瞬で切ることができる。

頭骨を前から見ると、生体の姿からは想像できないくらい非常にシャープであり、その姿はまるで戦闘機を思わせる。そして、やはりその長く鋭いキバに目が止まる。横から見ると全体はみごとな三角形になっており、後頭部は切り立った崖のようになっている所も特徴だ。鋭いキバを持っているが、噛む力は弱く、ほお骨も小さい。つまり補食用に発達したキバではないのだ。

雑食性であるが、非常に草食に偏っていることも発達した奥歯（臼歯）から想像できる。草食が9割ほどといわれており、ほとんど肉は食べないのだ。

果実や地下茎をメインに食べ、たまに昆虫類やミミズ、ヘビなどを食べるくらいだ。鳥などの死骸が落ちていれば、まれに食べることもある。

イノシシはブタのような鼻面が特徴だが、頭骨はシャープなフォルムが印象的だ

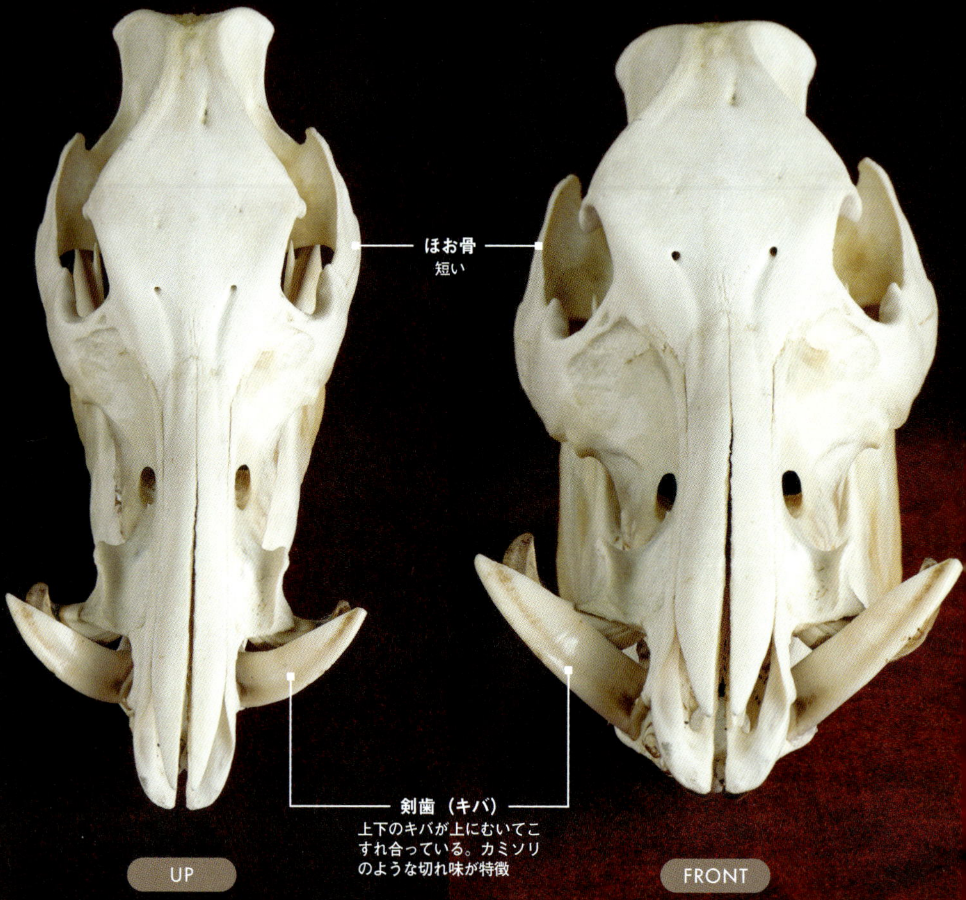
ほお骨
短い
剣歯（キバ）
上下のキバが上にむいてこすれ合っている。カミソリのような切れ味が特徴
UP
FRONT

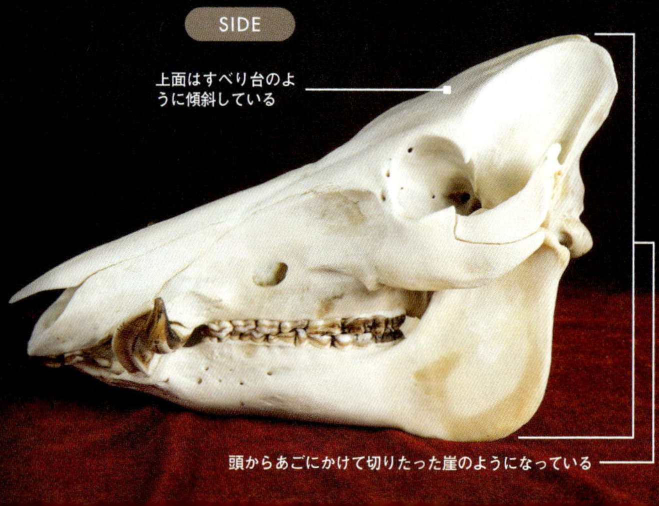
SIDE
上面はすべり台のように傾斜している
頭からあごにかけて切りたった崖のようになっている

DATA（イノシシ）

- ▶鯨偶蹄目イノシシ科
- ▶体長：1.1〜1.7m
- ▶体高：0.6〜1.2m
- ▶体重：50〜200kg
- ▶棲息域：
  アジア、ヨーロッパ。
  日本では南西諸島から本州。
  北海道には生息していない
- ▶食性：草食傾向の強い雑食
  （地下茎、果実、昆虫、ヘビ等）
- ▶頭骨
  魅力のポイント：
  シャープさとキバ
  大きさ：大
  貴重度：★★★★★

Myrmecophaga tridactyla

オオアリクイ

珍獣ワールド

肉食・雑食ほ乳類
オオアリクイ科

蟻塚からアリを吸い上げるストローのような口先が特徴的

神奈川県立生命の星・地球博物館収蔵　標本KPN-MF 1001898

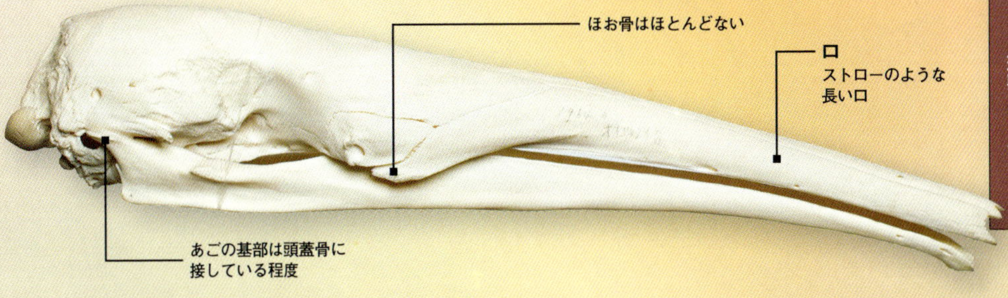
ほお骨はほとんどない
口
ストローのような
長い口
あごの基部は頭蓋骨に
接している程度

オオアリクイはその特徴的な口を除いた部分には黒や暗い褐色の短い体毛が生え、肩から胸の部分には白く縁取られた黒い斑紋がある。

その名の通りアリを食べる。アリやシロアリ、さまざまな昆虫の幼虫のほか、果実なども食べることがある。口は非常に細長いのだが、ワニのように“ガバッ”とは開かない。ストローのような口先から長い鞭状の舌を高速で出し入れし、粘着質の唾液が付いた舌で絡め取って、シロアリなどを食べるのだ。その舌は、60cm以上の長さのものもいるという。

DATA

▶有毛目オオアリクイ科
▶体長：1〜1.5m　▶体重：20〜39kg
▶棲息域：ガテマラからアルゼンチン北部
▶食性：肉食（アリ、シロアリ、昆虫、果実等）
▶頭骨　魅力のポイント：ストローのように長く伸びた口
　大きさ：中　貴重度：★★★★☆

シロアリを食べるのに噛むこともなく、あごの力も必要ない。よって、あごの接合部に力が加わらないことから、頭蓋骨とあご骨はわずかに接しているだけである。肉食獣のようにガッシリとは組み込まれていないのだ。長い口にもすべて骨があることもわかる。前後に非常に細長く、一見しただけでは頭骨があるとは思えないくらいだ。

攻撃には役立たない弱いあごをカバーするかのように、前脚は非常に強靭。太く大きな前脚には強大な爪がついており、この爪で蟻塚を破壊したり、ジャガーなどの天敵に立ち向かう。

また、天敵である肉食獣に出会った時に、後ろ脚で直立し、両前脚を左右に広げ威嚇することも知られている。実際、この威嚇行動で大型肉食獣が襲うのを諦めることも少なくないという。相手が諦めないときには、爪で攻撃したりすることもある。そのため、基本的には穏やかな性質なのだが、危険な動物と誤解されて駆除されていたこともあるほどだ。前脚の爪はオオアリクイにとって非常に大事なものであるため、爪を保護するために前脚の甲を地面に付けて歩くという特徴もある。

DATA

▶センザンコウ目センザンコウ科　▶体長：0.3〜0.85m
▶体高：0.2〜0.25m　▶体重：1.2〜33kg
▶棲息域：インド、東南アジア、アフリカ　▶食性：肉食（アリ、シロアリ等）
▶頭骨　魅力のポイント：すんなりとした形　大きさ：小　貴重度：★★★

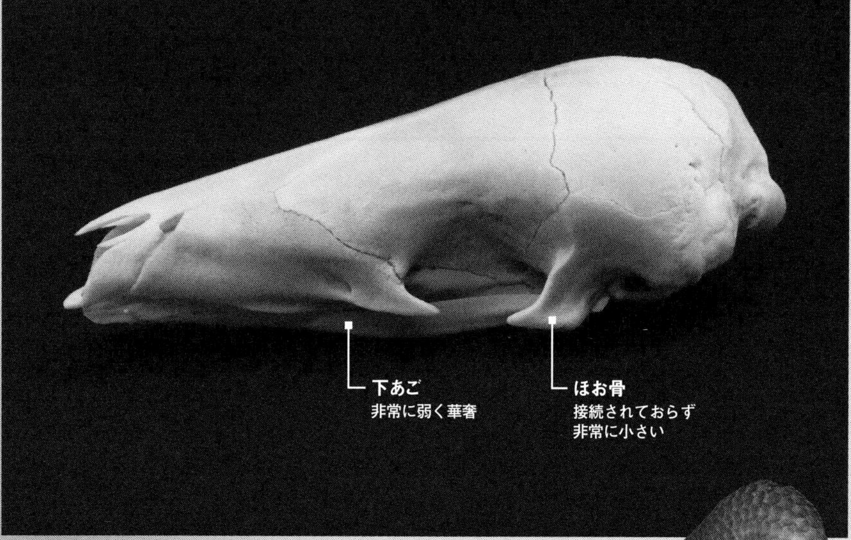
下あご
非常に弱く華奢
ほお骨
接続されておらず
非常に小さい

肉食・雑食ほ乳類
センザンコウ科

珍獣ワールド

Pholidota Weber

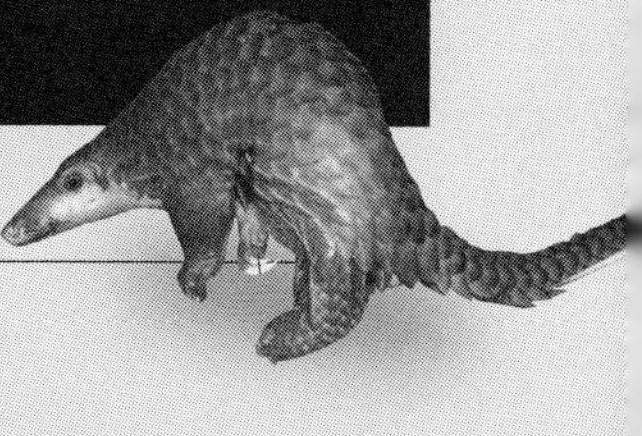

センザンコウ

硬い鱗で身を守る珍獣。頭骨は意外と華奢

体型からアリクイに近い仲間と考えられたが、諸説ある。身体をおおうマツボックリ状のウロコは、実は毛が変化したもの。数はおよそ300枚にのぼり、定期的に生え変わっている。頭の一部と腹と脚の内側にはウロコがなくまばらに硬い毛があり、ウロコの間にも硬く長い毛がある。ウロコのふちは刃物のように鋭く、トラなどの天敵が噛みつくと口内を傷つけてしまう造りになっている。

センザンコウは眠ってカロリー消費を抑えるので、睡眠は１日約20時間。食事の途中でも樹上で睡眠を取る。前脚の強靭な爪でアリ塚を掘り、細長く伸縮自在な舌と粘り気のある唾液を使ってアリを舐めとるようにして食べる。その舌は長いもので全長50㎝もあり、口から40㎝も突き出すことができる。

堅いウロコを持った姿はまさに珍獣

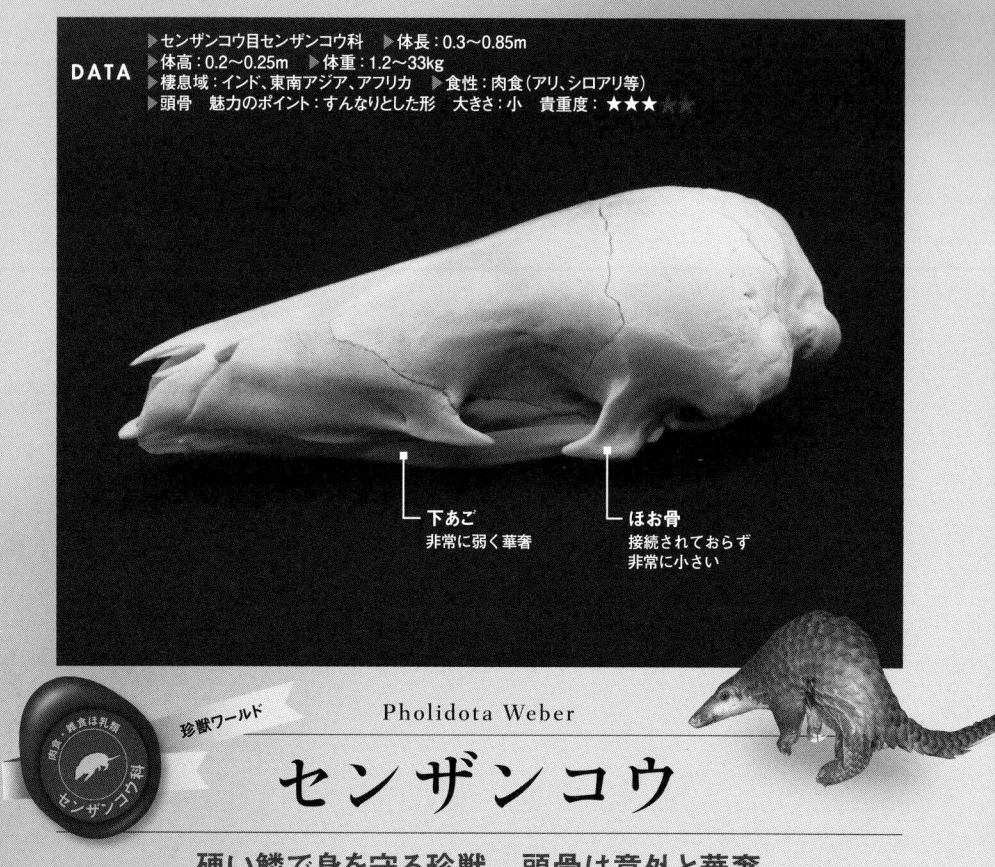

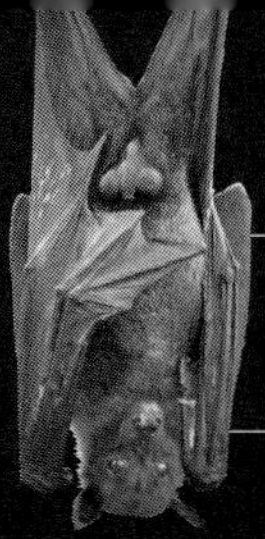

Pterопoididae

珍獣ワールド
肉食・雑食ほ乳類 オオコウモリ科

オオコウモリ

超音波を使わずに飛ぶために大きな目を持つ

ここで紹介する“オオコウモリ”は、翼を広げると1.4mにも達し、小型のコウモリの20 ～ 30倍の大きさがある。

頭骨は意外に小さく、繊細な造りをしている。歯は小さいもののキバはしっかりしている。頭骨は全体的にヒヨケザルとほぼ同じで、それに近いほ乳類である可能性もあるだろう。

生態も頭骨も小型のコウモリとは全くその特徴が異なっている。小型のコウモリは、超音波で位置を確認しながら飛行するために目は非常に小さく耳が大きく発達している。それに対しオオコウモリは、視覚で確認して飛行するため、目が大きく耳は小さいのだ。

日本では沖縄諸島ほか、いくつかの島《とう》しょ部《ぶ》に5種類のオオコウモリが棲息している。

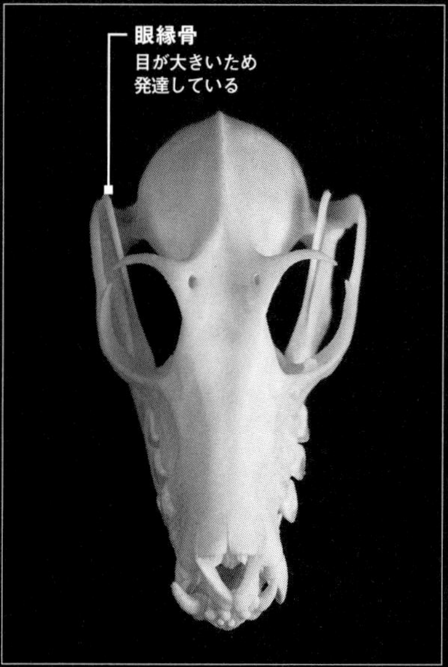
眼縁骨
目が大きいため
発達している

頭骨を上から見ると馬面に見える

DATA

- ▶コウモリ目オオコウモリ科
- ▶体長：0.2～0.3m　▶前腕長：0.6～1.4m
- ▶体重：1～2kg
- ▶棲息域：熱帯
  日本では沖縄諸島、八重山諸島、トカラ列島、
  口永良部島、大東諸島、小笠原諸島
- ▶食性：草食傾向の強い雑食
- ▶頭骨
  魅力のポイント：シャープな面持ち
  大きさ：小
  貴重度：★★★★★

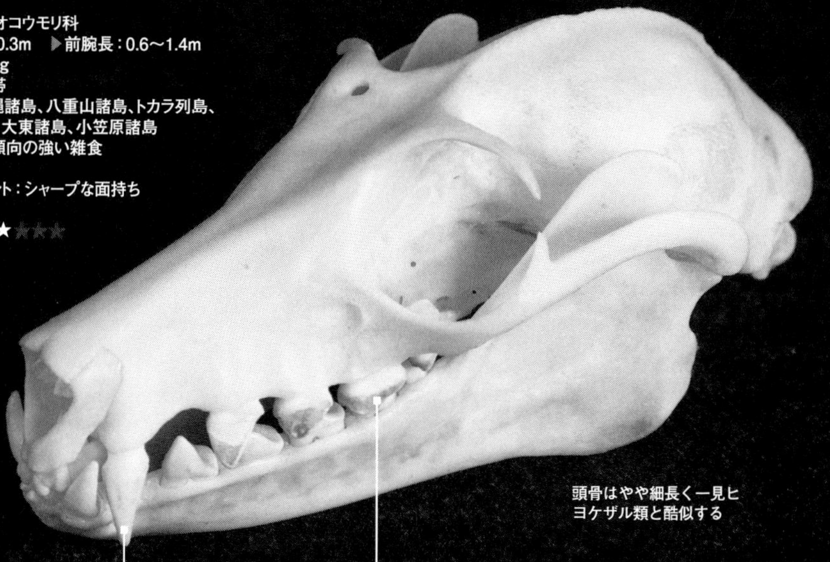
キバ
小さい
奥歯
鋭く尖っている

頭骨はやや細長く一見ヒヨケザル類と酷似する

Mysticeti

ヒゲクジラ

(ザトウクジラ)

地球最大の動物シロナガスクジラもこの一種

巨大な口で すべてを呑み込む

シロナガスクジラを代表としているのがヒゲクジラだ。クジラは大きくヒゲクジラ亜目とハクジラ亜目に分れ、その違いは歯があるかないか。ヒゲクジラには上あごに鯨髭《くじらひげ》というブラシのような器官がある。プランクトンやオキアミ、小魚を呑み込むと、鯨髭で獲物を漉《こ》しとり水だけを吐き出す。ハクジラと比べるとヒゲクジラは頭部が大きく、噴気孔《ふんきこう》が２つあり、全体的に身体も大きくなることも解っている。

シロナガスクジラの体長は20m以上。34mの大きさを持つものも確認されたという記録があるが、30mを超えるものは非常に稀だ。

シロナガスクジラの仲間の頭骨はあまりに巨大で展示する施設は少ないが、ザトウクジラの頭骨や全身骨格は多くの博物館で見学できる。ザトウクジラの全長は11～16mほどで、頭骨だけでも約２mの大きさがある。鯨髭は頭骨にすると取れてしまい、長い口の骨だけになる。

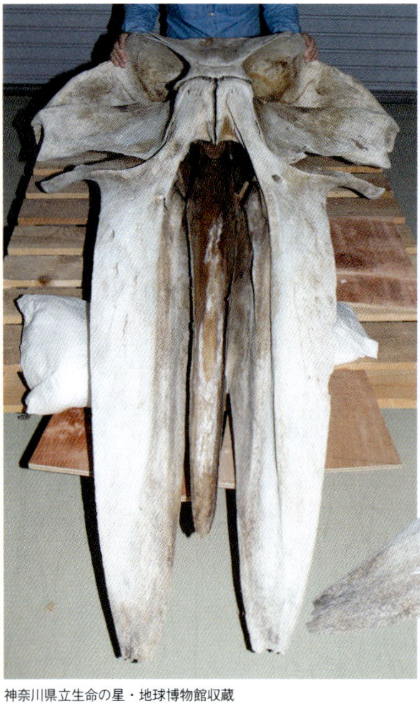

ザトウクジラの頭骨。人と対比してその巨大さが際立つ

神奈川県立生命の星・地球博物館収蔵
標本KPM-NF 1004785

ヒゲクジラのヒゲ。一本のヒゲでさえこの大きさなのだ

ザトウクジラの口。この大きさでも口の一部しか海面からでていない

頭骨は思ったよりもろく、乱暴に扱うと破損してしまう

【ザトウクジラ】

神奈川県立生命の星・地球博物館収蔵
標本KPM-NF 1004785

DATA（ザトウクジラ）

▶鯨偶蹄目ナガスクジラ科　▶体長：11〜20m　▶体重：30〜60t
▶棲息域：夏は極付近、冬は温帯海域を回遊
▶食性：肉食（オキアミ、ニシン、サバ等）
▶頭骨　魅力のポイント：巨大なところ　大きさ：シロナガスクジラ　超巨大　ザトウクジラ　巨大
　貴重度：★★★★★

Mysticeti

ハクジラ
(ツチクジラ、マッコウクジラ)

巨大海棲恐竜の面影を感じさせるその姿

[ハクジラの頭骨はド迫力 骨格は恐竜そのもの!]

マッコウクジラを代表とするハクジラ亜目のクジラたち。ハクジラ亜目にはイルカやシャチなども含まれており、系統的には全く同じため、ハクジラの小型種だとされている。ハクジラ亜目はヒゲクジラ亜目と違い、頭が小さく、噴気孔が１つであることが特徴だ。もちろん歯が生えているのも異なる点。

ツチクジラやマッコウクジラの歯は下あごにだけ生えており、上あごには歯がない。陸棲ほ乳類とは違い、ハクジラの歯は獲物を噛み殺す目的ではなく、餌である魚を確実に捕らえるための造りになっているのだ。

ヒゲクジラ同様に、非常に大きいことから、多くの博物館ではその骨格が天井からワイヤーで吊られている。海に棲息していた巨大恐竜の化石レプリカと同様の展示がされているのだ。そこでマッコウクジラとモササウルス（巨大海棲恐竜）の骨格を比べて見たが、その形状はあまり変わらない。むしろマッコウクジラの方が、骨太で大きく格好良いくらいだ。

マッコウクジラの巨大な歯

ハクジラの祖先は原クジラ亜目だとされている。ハクジラに最も近いといわれている初期のクジラ類のドルドンの姿を見ると、長く伸びた口の上下に鋭い歯が生えており、まさに海棲恐竜そのものだ。

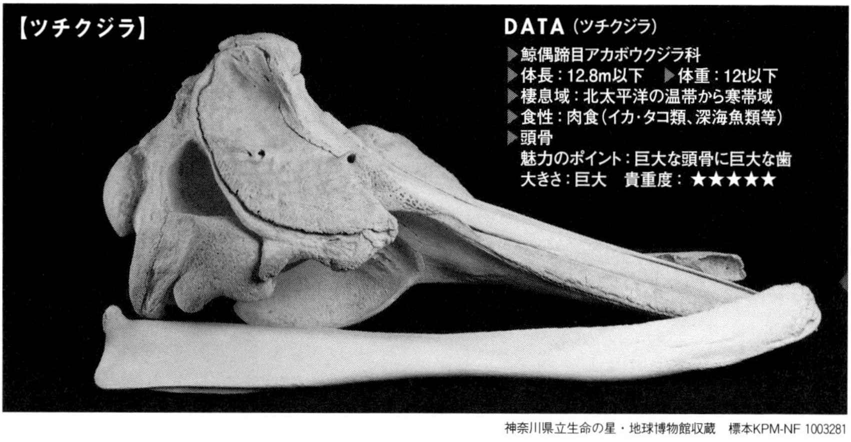
【ツチクジラ】
DATA（ツチクジラ）
▶鯨偶蹄目アカボウクジラ科
▶体長：12.8m以下　▶体重：12t以下
▶棲息域：北太平洋の温帯から寒帯域
▶食性：肉食（イカ・タコ類、深海魚類等）
▶頭骨
魅力のポイント：巨大な頭骨に巨大な歯
大きさ：巨大　貴重度：★★★★★

神奈川県立生命の星・地球博物館収蔵　標本KPM-NF 1003281

神奈川県立生命の星・地球博物館収蔵　標本KPM-NF 1003281

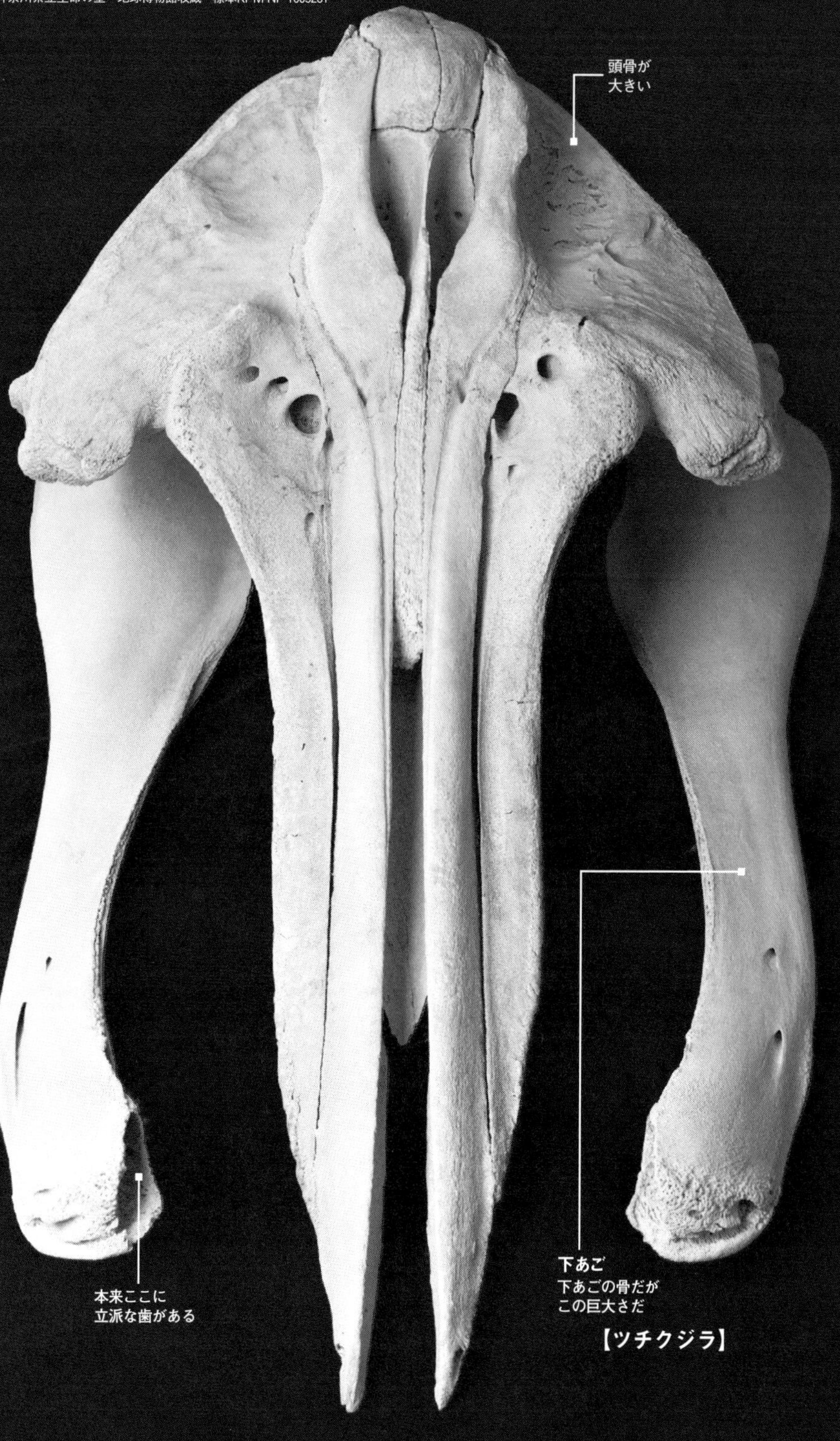
頭骨が
大きい
本来ここに
立派な歯がある
下あご
下あごの骨だが
この巨大さだ

【ツチクジラ】

Eumetopias jubatus

頭骨シーワールド

肉食・雑食ほ乳類

アシカ科

トド

絶滅が危ぶまれる美しい頭骨の海獣

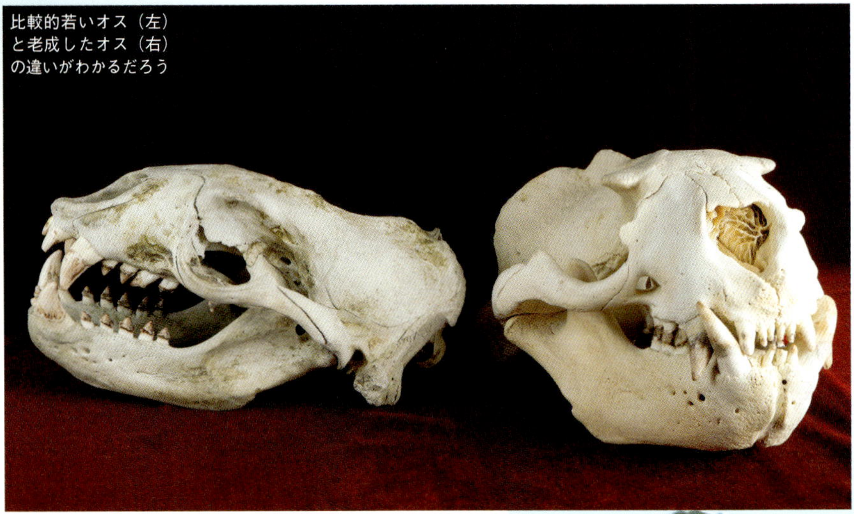
比較的若いオス（左）
と老成したオス（右）
の違いがわかるだろう

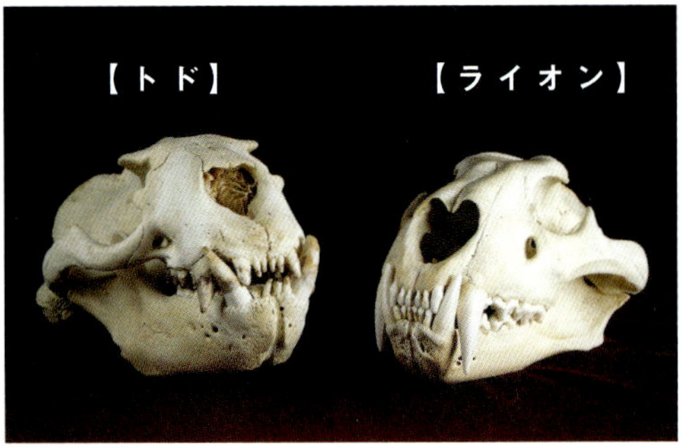

海のライオンと陸のライオンの顔合わせ

DATA

▶ネコ目アシカ科
▶体長：2.4～3.3m　▶体重：270～1120kg
▶棲息域：北太平洋、オホーツク海、日本海、ベーリング海。
日本では青森県、北海道の沿岸
▶食性：肉食（魚類、軟体動物等）
▶頭骨
魅力のポイント：強靱な下あご
大きさ：大　貴重度：★★★★☆

1tを超えるものもいる 頭骨の迫力を見よ

トドは、体重ではゾウアザラシやセイウチには負けるが、アシカ科の仲間の中では、最大の大きさを誇る。体重も１ｔを超えるものも多い。幼獣でも、体長は１ｍほどという大きさで、寒冷地に棲むだけあって、皮膚の下の脂肪も厚く、それゆえに巨体の迫力もスゴい。

「シーライオン」という名が付いたのは、ライオンに似た鳴き声を発するのと、オスにはライオンのようなタテガミが生えるからだといわれている。

超ド級の巨大な頭骨には、ずらりと鋭い歯が生え揃い、大きくいかつい剣歯も素晴らしい。知識がないと、絶滅した古代生物の頭骨かと思うほどだ。

魚類しか食べず、巨体でナマケもののような印象もあるが、侮るなかれ、動きは俊敏であり、獰猛性も高いという。そのため漁業被害も深刻であり、網を破壊して魚を奪ったりすることから、北海道では“海のギャング”とも呼ばれ、害獣として駆除されることもある。現在はアメリカ、ロシアなどでは保護の対象とされ、保護と駆除の狭間にいる生物といえよう。

シーライオンの名のとおり、雄は堂々とした勇ましい姿をしている。頭がよく、飼育員の言うこともよく聞く、水族館でも人気者だ

ずらりと並んだ海獣トド。まさに怪獣全員集合だ

DATA（ゼニガタアザラシ）

▶ネコ目アザラシ科
▶体長：1.5〜1.7m　▶110〜150kg
▶棲息域：北太西洋、北太平洋
▶食性：肉食（回遊魚、深海魚、外洋魚）
▶頭骨
魅力のポイント：海獣の魅力
大きさ：大　貴重度：★★★☆☆

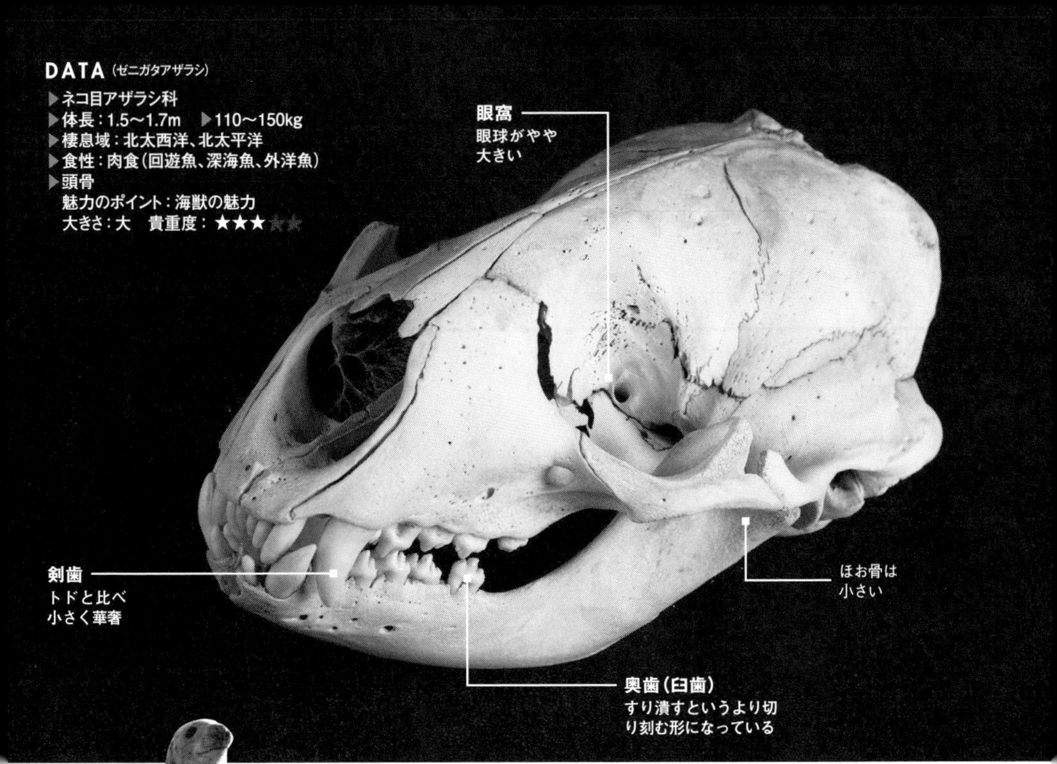

眼窩
眼球がやや大きい
剣歯
トドと比べ小さく華奢
ほお骨は小さい
奥歯（臼歯）
すり潰すというより切り刻む形になっている

Phocidae

頭骨シーワールド

肉食・雑食ほ乳類　アザラシ科

アザラシ

クマと共通の祖先をもち実は立派なキバもある

アザラシは顔がイヌに似ているが、進化の系統的にはアシカと同じくクマと共通の祖先を持つ仲間である。

アザラシの頭骨は、トドと比べると上品でおとなしく感じる。骨は全体的に薄く、歯も小さい。頭骨になると、生体ではほとんど見えないキバもはっきりと見える。その形状は、クマの頭骨の面影もあり、共通の先祖を持っていると納得できるだろう。アザラシはクマなどの陸棲ほ乳類に比べて眼球が大きいため、眼窩も大きい。

アザラシは知能が高く北の海の野生のアザラシの中には、定置網に捕まらずに荒らす方法を習得したものもいる。またアザラシの潜水能力は群を抜いており、肺の中の空気を吐き出すことによって、深い海の水圧にも耐えられる。

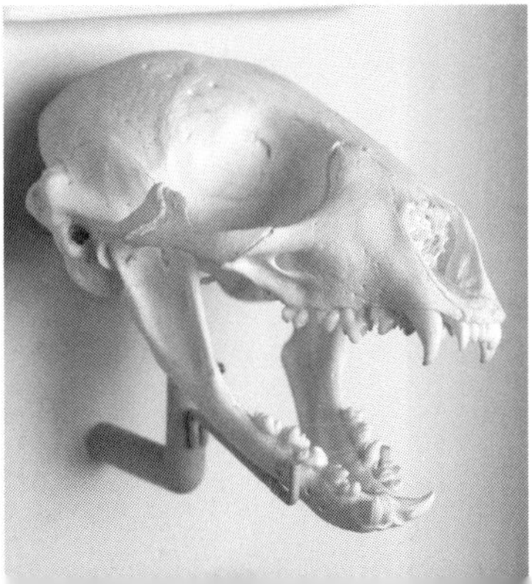

ゴマフアザラシの頭骨。可愛いと人気だが、口を開けると意外な怖さがある

神奈川県立生命の星・地球博物館収蔵　標本KPM-NF 1001769

人間への
進化が分かる

霊長類の頭骨

鋭いキバや大きい後頭部はサルの特徴だ。
そして人間はキバを捨て去り
脳をより大容量に発達させた。

【ブルーモンキー】
Cercopithecus mitis

【ベルベットモンキー】
（サバンナモンキー）
Chlorocebus aethiops

【クモザル】
（ジェフロイクモザル）
Ateles geoffroyi

㈱上野剥製所蔵

㈱上野剥製所収蔵

Cercopithecus mitis

ブルーモンキー

DATA

- サル目オナガザル科
- 体長：0.44〜0.67m
- 体重：6〜12kg
- 生息域：中央アフリカから西アフリカ
- 食性：雑食
（木の葉、昆虫、鳥のヒナ等）

Chlorocebus aethiops

ベルベットモンキー
（サバンナモンキー）

DATA

- サル目オナガザル科
- 体長：0.45〜0.65m
- 体重：5kg
- 生息域：アフリカ中部以南
- 食性：雑食
（木の実、木の葉、昆虫、トカゲ等）

Ateles geoffroyi

クモザル
（ジェフロイクモザル）

DATA

- サル目クモザル科
- 体長：0.31〜0.63m
- 体重：6〜9kg
- 生息域：中央アメリカからコロンビア
- 食性：草食傾向の強い雑食
（昆虫、カエル、カタツムリ、果実、木の葉、木の実等）

進化の道筋を身近に感じさせてくれる頭骨

人間に似ているだけに きわだつ剣歯

サルの頭骨を見るとやっぱり人間はサルの進化系だと納得できるはずだ。眼窩の位置や後頭部の膨らみ、鼻骨周辺に至るまで大変よく似ているからだ。サルの頭骨を仔細に観察することで、人間が適合進化のために捨て去った様々な機能がよりはっきりするだろう。

上の写真は左からブルーモンキー、ベルベットモンキー、クモザルの頭骨である。どれもそれほど大きさが変わらない種だが、頭骨になると個性の違いがはっきりとでる。ブルーモンキーは、体長の割には頭部が大きく、前歯がゴツい。ベルベットモンキーやクモザルは、小さな可愛らしい頭部に似合わず、かなり鋭く尖ったキバを持っている。ベルベットモンキーのキバは、捕食のためではなく硬い昆虫や木の実の殻を引き裂くためのもので、いわばナイフやペンチ代わりとも言える。

また眼窩の位置が他の動物とは違い、サルは両眼で焦点を合わせられるように眼が前方を向いている。歯もキバをのぞけば、歯の数が多く奥歯（臼歯）は平たくなっており、食物をすり潰しやすく噛み合っている。まさに人間のようだ。

人間に似ているだけに、キバがあるとギョッとしてしまう。人間はこの鋭いキバを捨て去る一方で、脳をより大容量に発達させていったのである。

Papio hamadryas

霊長類の頭骨

肉食・雑食ほ乳類 オナガザル科

マントヒヒ

肉食獣のような剣歯で敵を威嚇する

ライオンのような面構え オスにはタテガミのようなものも

オナガザル科ヒヒ属に分類されるマントヒヒ。オスの体毛は灰色、メスの体毛は褐色で、オスはタテガミのようなものがあり肩や側頭部の体毛が長く伸びている。“マントヒヒ”という和名は、その体毛がマントのように見えることからきている。顔やおしりには体毛がなく、ピンク色の肌が見えるところも特徴だ。

頭骨を見ると、“サル”とはいえ非常に獰猛な印象を受ける。前のページのサルの頭骨と比べて、長くあごが突き出している。さらには剣歯だけでなく、前歯（門歯）も大きいのはあごが大きく発達しているからにほかならないだろう。

ライオンのような面構えにもみえ、その剣歯はヒョウよりもずっと大きい。仲間同士のコミュニケーションや敵への威嚇として、口を大きく開け、剣歯をむき出しにして見せるという生態がある。剣歯の大きさは、オスのマントヒヒの強さの証となっているのだ。

そして時には、剣歯は捕食獣から群れや身を守るための武器になることもある。だが現在では、棲息地に天敵といえるような肉食獣はいないために、剣歯を武器として使うことも少ない。マントヒヒの天敵は、現在では人間だけなのだ。

マントヒヒは草原などに住み、１匹のオスを中心に多数のメスと子供からなるハーレムと呼ばれる群れをつくる。雑食性で、木の葉や果実、昆虫類や小型のは虫類、鳥類、小型のほ乳類も食べる。

古代エジプトでは神の使いとして神聖視され、パピルスや壁画にも描かれている。しかし、現在のエジプトではマントヒヒは残念ながら絶滅している。

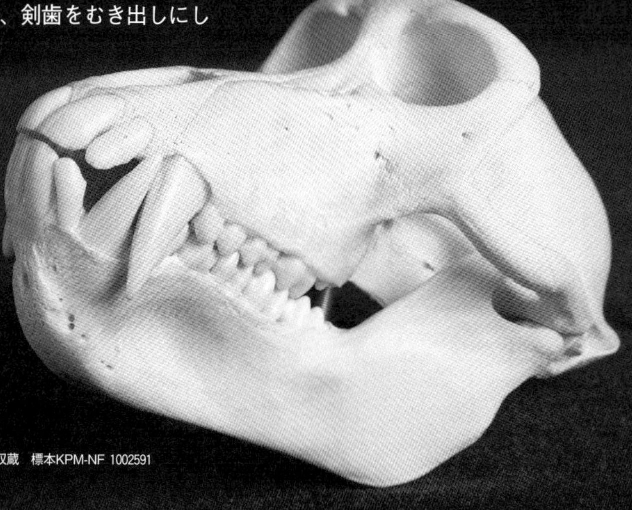

横から見ると口が長く前に突出しているのがわかる

神奈川県立生命の星・地球博物館収蔵　標本KPM-NF 1002591

神奈川県立生命の星・地球博物館収蔵　標本KPM-NF 1002591

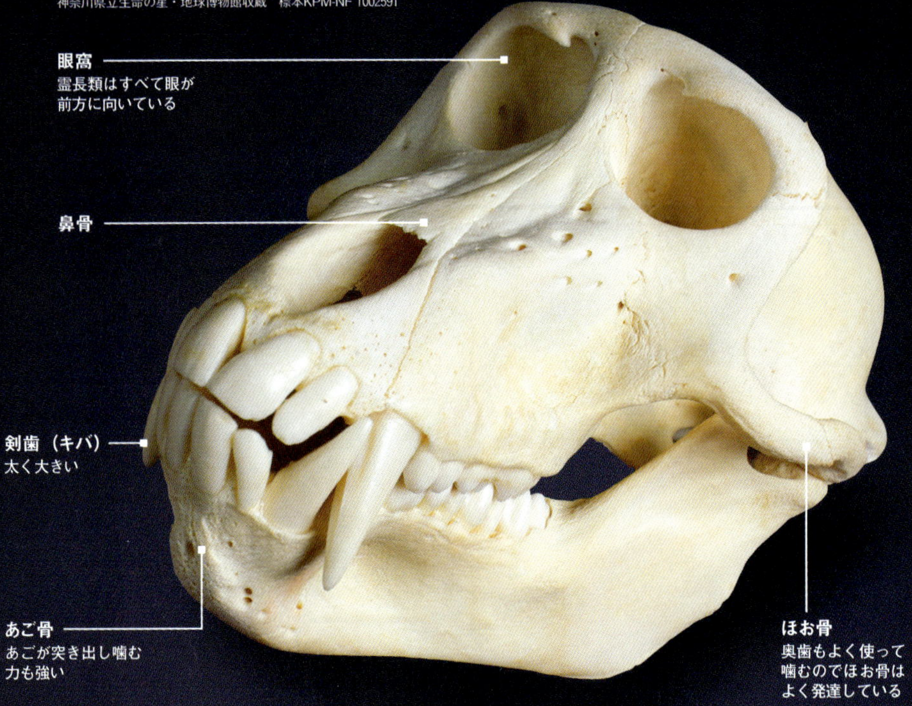
眼窩
霊長類はすべて眼が
前方に向いている
鼻骨
剣歯（キバ）
太く大きい
あご骨
あごが突き出し噛む
力も強い
ほお骨
奥歯もよく使って
噛むのでほお骨は
よく発達している

DATA

- サル目オナガザル科
- 体長：0.5～0.8m　▶体重：10～20kg
- 生息域：イエメン、エチオピア、サウジアラビア、ソマリア
- 食性：雑食（昆虫、木の葉、果実等）
- 頭骨
  魅力のポイント：長い口と大きな剣歯　大きさ：中
  貴重度：★★★☆☆

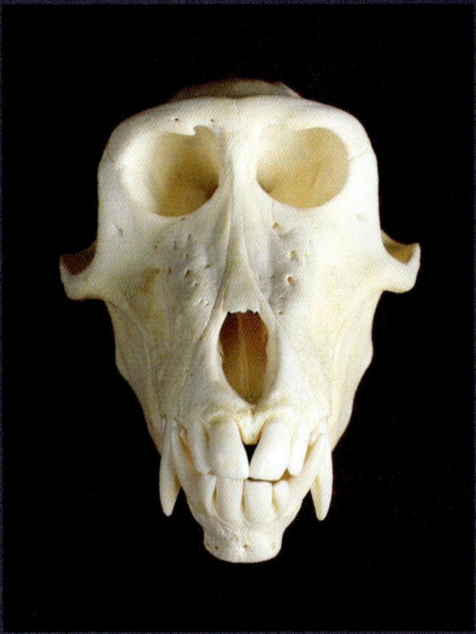

前歯は大きく人間のもと似ている

神奈川県立生命の星・地球博物館収蔵　標本KPM-NF 1002591

頭骨図鑑
第2章

うず巻くツノを持つシカから最重量級のサイまで

草食ほ乳類

草食ほ乳類の進化の歴史は、
天敵である肉食ほ乳類との戦いの歴史でもある。
肉食ほ乳類を威嚇するために高く鋭く伸びたツノ。
キック力抜群の強靭な脚。
種を守るためのその形態は強くそして美しい。

草食ほ乳類の
魅力と見方

頭骨の部位

豊富な形状の「ツノ」と細面の頭骨のフォルムの美

草食ほ乳類の最大の魅力はなんといっても「ツノ」だ。オリックスの直線的なツノやクーズーの2回転以上も渦巻いたツノ、バッファロー（野牛）の野太い野性的な張り出しのツノまで、その魅力は多岐に渡る。シカ科の巨大で派手なツノも圧巻だ。ツノはオスのシンボルであり、捕食獣に対する武器でもある。

草食動物のツノには、実は2種類ある。ウシ科のツノは毛の進化したもので、骨ではない。ツノの成長点はその根元にあり、頭骨になったとき、ツノは外れてしまう。

しかし、シカ科のツノは頭骨から直接生えている。また、本書で紹介したヘラジカなどは、あまりにツノが巨大すぎ、頭骨が付いたままだと重量を支えきれず破損するため頭骨の一部のみを残し他は切り取る。ツノだけの写真が多いのは、そういう理由からなのだ。

また草食ほ乳類の特徴は、あごと歯だ。草を噛める力があればよいので、あごの骨は弱くほお骨の張り出しが小さいため細面である。歯は臼状になっており上下をズラしながらすり潰すのに適した形をしている。

また通常、ウシ科の動物の上あごに門歯（前歯）はなく、草が口に入りやすい構造になっている。柔らかい草類はくちびるを使い、堅いものを食べる場合は、下あごの前歯と上あごで噛み切るのだ。

草食ほ乳類は、肉食ほ乳類に比べて大型のものが多い。肉食よりも草食のほうが、タンパク質である体を巨大化しているわけだ。サイの頭骨などは非常に巨大だ。コンパクトにまとまった肉食ほ乳類にない、巨大さという要素も味わえるのが草食ほ乳類の魅力のひとつである。

草食ほ乳類
ウシ科

クーズー

Tragelaphus strepsiceros

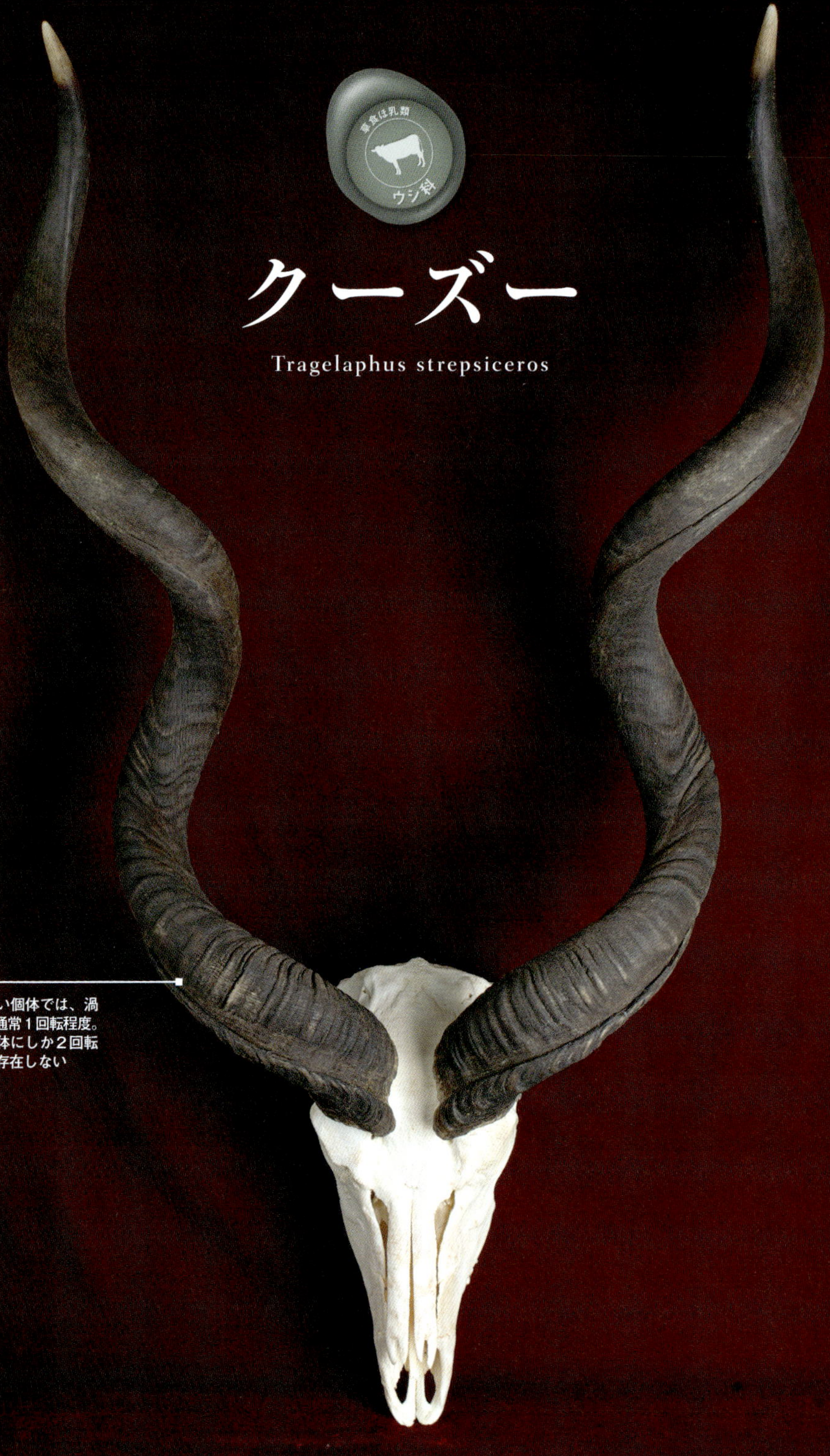
ツノ
まだ若い個体では、渦巻きは通常１回転程度。老成個体にしか２回転以上は存在しない

一部地域では神聖な動物ともされた美しいねじり角の持ち主

群を抜く美しさ ダブルアクセルのツノ

やはりなんといっても、見どころはオスに生えるこのツノだ。ウシ科としては非常に大きく長いツノを備えているのがクーズーだ。それだけでなく、顔には白い斑紋、胴体には白いシマ模様、背筋に生えた毛、

DATA

▶鯨偶蹄目ウシ科　▶体長：1.9〜2.5m
▶体高：1.2〜1.5m　▶体重：180〜315kg
▶棲息域：アフリカ大陸中央部、東部、南部
▶食性：草食（草等）
▶頭骨
魅力のポイント：渦を巻きながら伸びる角
大きさ：大
貴重度：★★★☆☆

ほっそりとした印象があるが比較的大型種のクーズー

さらにオスには喉から首にかけ生えている長い毛と、ツノ以外の特徴も多い。

だがやはり、そのツノはインパクトが大きい。額から上に向かって伸びたツノは、長いだけでなく2回半ねじるように伸びているのだ。まるでワインのコルク抜きのようである。その優雅で美しいツノは角笛として使われてきたが、なんと南アフリカのサッカーのサポーターが応援で吹く“ブブゼラ”は、クーズーの角笛が起源であるといわれている。

頭骨は、外観にそれほど際立った特徴はないが、やはりらせん状に渦を巻きながら長く伸びているツノは見事としかいいようがない。そのため頭骨としても非常に人気が高く、壁の飾りとしては最高のインテリアである。一部の書物やネットの記事には、最大角長180cmとあるが、おそらくそこまで大きいものはいないのではないか。しかしそれくらいの長さがあると言いたいほど、見た目のインパクトが凄いということだ。

クーズーはアフリカの一部では神聖視されたり、象徴的な存在ともなっている。ジンバブエの国章には2頭のクーズーが描かれていたりもするのだ。現地でも、特別な存在として捉えられているに違いない。これもまた、神々しいともいえるこのツノのおかげだろう。

アフリカでは数多く棲息しているが、日本の動物園では1頭も飼育されていない。生きた姿を簡単に見ることができないということもあり、ダブルアクセルのツノを持つクーズーは我々日本人にとっても非常にレアで特別な存在である。

草食ほ乳類
ウシ科

ヌー（オグロヌー）

Connochaetes

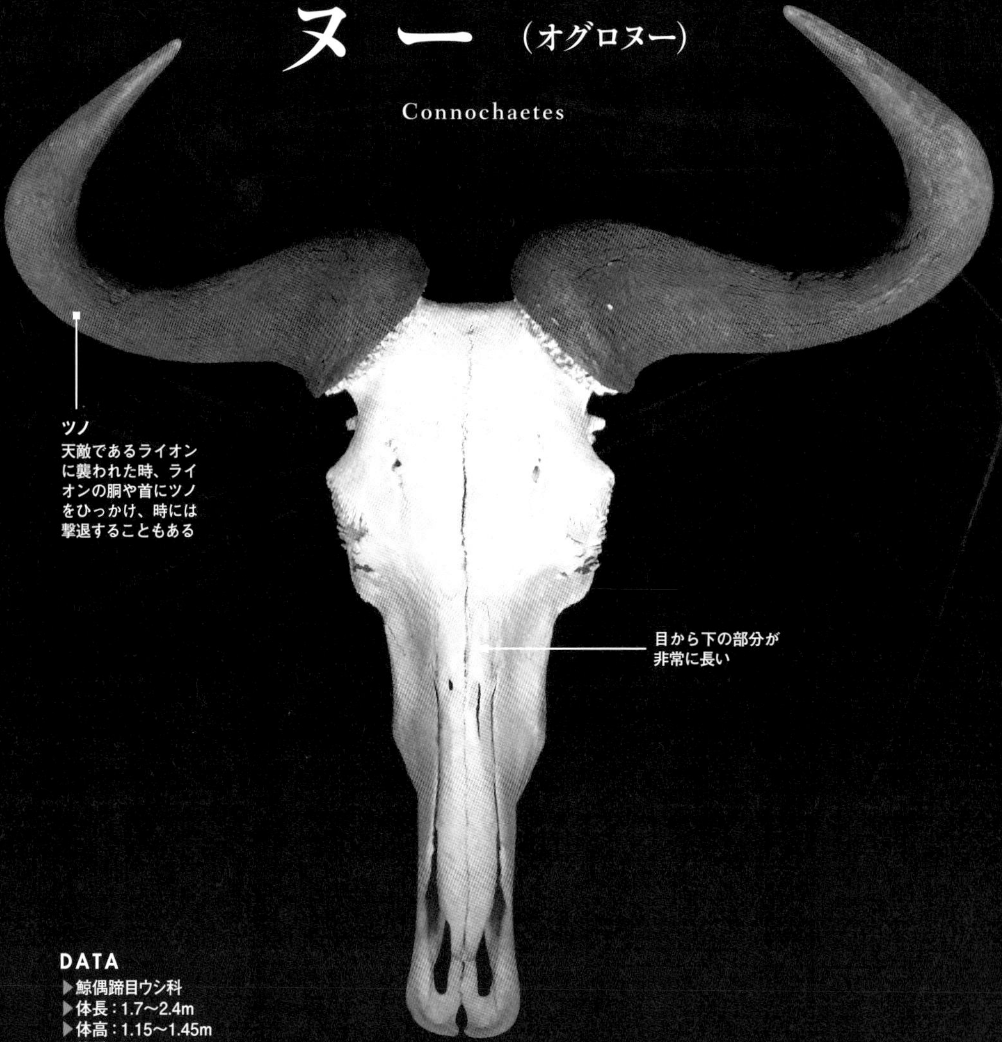
ツノ
天敵であるライオンに襲われた時、ライオンの胴や首にツノをひっかけ、時には撃退することもある
目から下の部分が非常に長い

DATA

▶鯨偶蹄目ウシ科
▶体長：1.7〜2.4m
▶体高：1.15〜1.45m
▶体重：120〜290kg
▶棲息域：アフリカ東部、南部
▶食性：草食（草、多肉植物等）
▶頭骨
魅力のポイント：角の形状がカッコイイ
大きさ：大
貴重度：★★★★★

横に大きく張り出したツノが印象的

肉食獣の標的になることが多いが その数で圧倒する

身体はあまり大きくなく、全体的に痩せた印象を受けるヌー。ウシカモシカという和名のとおり、ウシとカモシカの中間のような体型だ。顔もなかり縦に長く、ヒゲも生えており、ヤギのようでもある。アフリカのマサイ族の伝説には、数々の生き物を作り、アイデアがなくなった神様が、ウシのツノ、ヤギのヒゲ、ウマの尾をくっつけてヌーを作ったという伝説があるほどで、神様の失敗作とも呼ばれている。失敗作とは、かわいそうな呼び名だが、体型もアフリカスイギュウなどと比べて迫力がないというのは事実である。だが頭から横に張り出し、上へと湾曲し、天に向かって伸びているツノは大きく立派であり、非常に印象的だ。

ヌーには今回頭骨を掲載したオグロヌーのほか、オジロヌーがいる。その名の通り、尾の色が異なり、体長も少し小さいのだが、見た目ですぐにわかる違いはツノの生え方だ。オジロヌーのツノは前および下に向かって伸び、そこから上に湾曲するように生える。

生体はややマヌケな顔をしているが頭骨は意外にも凛とした面持ち

確かにウシのツノ、ヤギのヒゲ、ウマのしっぽが付いている、変わった姿だ

日本国内に輸入される頭骨は、死骸から採取されたものが多く、それらは異臭がするのですぐに解る。それは、大型肉食獣の餌であることの証明でもある。

アフリカにはライオンを筆頭に、ヒョウやハイエナ、ワニなど多くの天敵がいる。性質も穏やかで、体格も良くないために肉食獣のいい標的なのだ。だが弱い分、通常は数十頭から数百頭の群れで生活をしている。さらには、毎年5月～6月の食物を求めての大移動時には、とんでもない大群を形成するという習性がある。その数は100万頭以上に達することもあり、群れの長さはなんと10㎞に渡るほどだ。その群れの中には、シマウマやガゼルといった、ほかの動物が数10万頭も加わるので、その大移動たるや、野生動物の見せる最も壮大な光景だともいわれている。

ボンゴ

Tragelaphus eurycerus

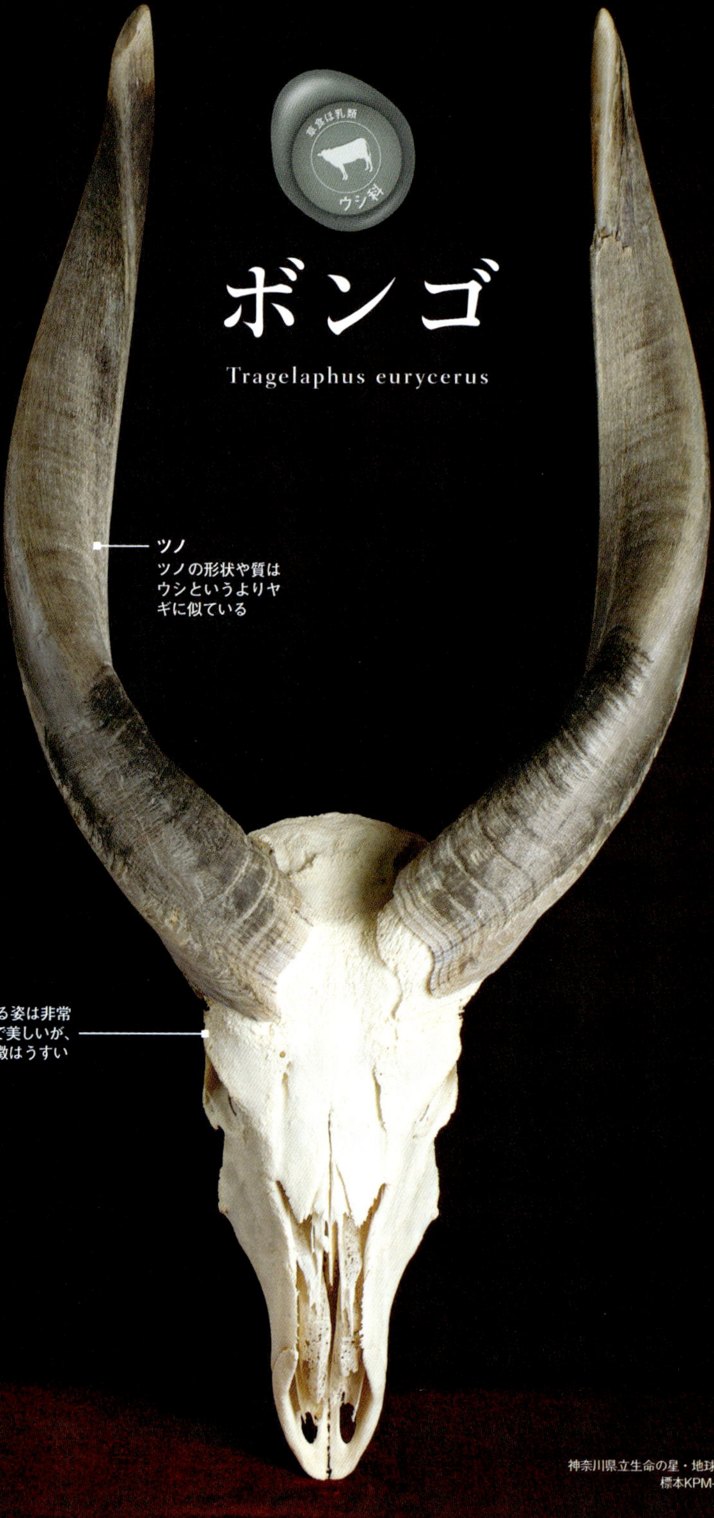
草食ほ乳類
ウシ科
ツノ
ツノの形状や質は
ウシというよりヤ
ギに似ている
生きている姿は非常
に特徴的で美しいが、
頭骨の特徴はうすい

神奈川県立生命の星・地球博物館収蔵
標本KPM-NF 1002900

ねじれた長い角と体の縞模様が美しい

美しく不思議な牛 その神秘の頭骨を公開

ボンゴは、ウシ科ブッシュバック属に分類される偶蹄類。ジャイアントパンダ、コビトカバ、オカピとともに「世界四大珍獣」に数えられる。

アフリカの赤道直下に分布するが、標高3000～4000m級の山々の2000～3000m地点の密林に棲む。赤褐色の体毛に白の縦筋が入り、どちらかというとメスの方が鮮やかで非常に美しい。背中には稜線に沿ってタテガミもある。

ツノは太くやや直線的に伸び、ちょうど1回転ねじれている。オスメス共に角があり、オスの方が太いツノを持っている。小さい頭部からニョキリと突き出したツノは、精悍な感じすらする。オスの体重は大きい個体では、400kgあるものもいる。ツノは60～80cmくらいだ。

森の中で5～8頭程度の少数の群れで生活しているが、まれに20～50頭程が集まることがあるほか、歳をとったオスはふつうは単独で生活する。

ボンゴはとても注意深く、ヒョウなどの外敵や危険を感じるとすばやく森の中に逃げ込むが、走るときには角を背中につけるようにして首を反らし、角が木の枝などに引っかからないようにして走る。

性格的には草食性でおとなしく、昼夜共に活動するが朝や夕方に活発に行動し、日中は休んでいることが多い。好物は竹などの木の葉。後ろ脚で立ち上がり、高い場所にある木の葉をむしって食べている姿も目撃されている。

国内でも少ないながら動物園で生きている姿や、博物館で剥製を見ることができる。

近年では密猟や棲息地の開発や破壊などによって、ボンゴの個体数は減少している。現在、ボンゴは国際自然保護連合（IUCN）の保存状況評価によって、準絶滅危惧種(NT)としてレッドリストに指定され保護されているが、更なる棲息数の減少も懸念されている。

牛の概念を超える美しさ。赤茶の毛に白い線が美しい

DATA

▶鯨偶蹄目ウシ科　▶体長：1.7～2.5m
▶体高：1.1～1.3m　▶体重：210～405kg
▶棲息域：中央アフリカ、アフリカ西南部
▶食性：草食（木の葉、植物の根等）
▶頭骨
魅力のポイント：凛々しい頭骨とそれにマッチした角
大きさ：大
貴重度：★★★★★

草食ほ乳類
ウシ科

バイソン

Bison bison

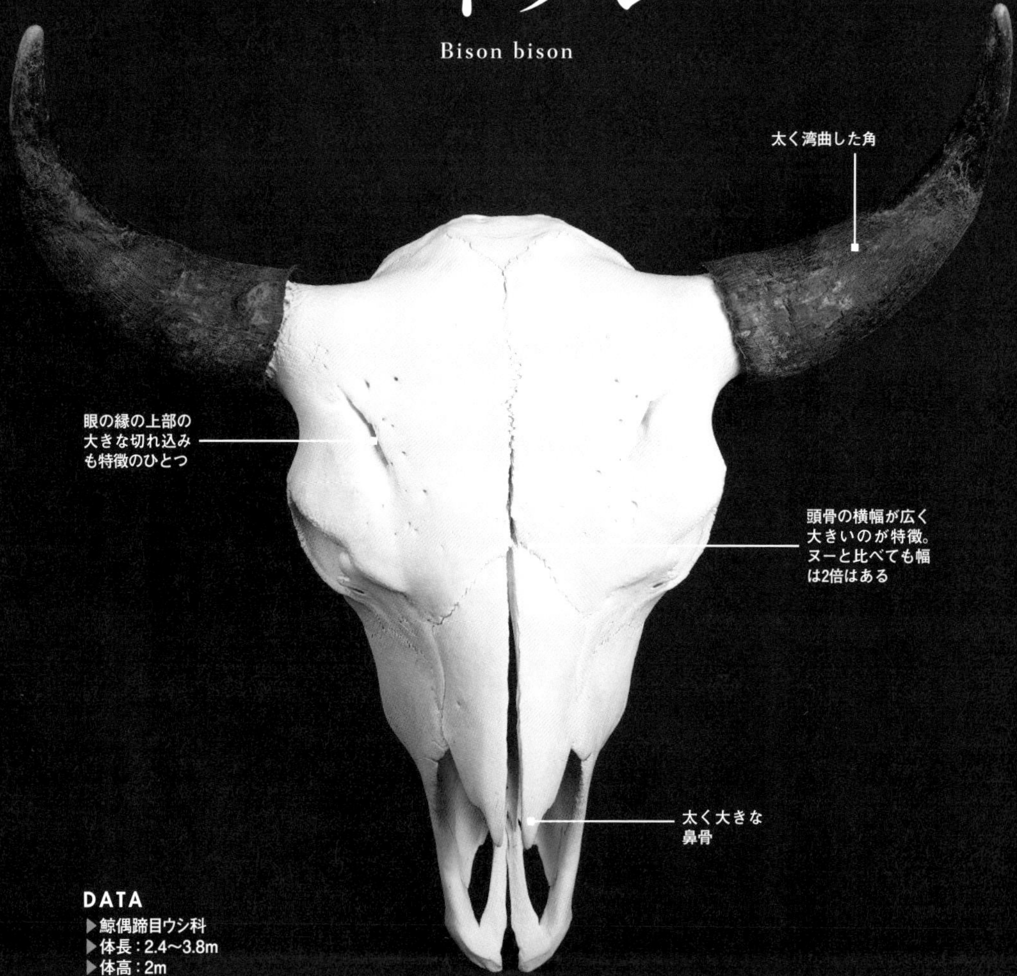
太く湾曲した角
眼の縁の上部の
大きな切れ込み
も特徴のひとつ
頭骨の横幅が広く
大きいのが特徴。
ヌーと比べても幅
は2倍はある
太く大きな
鼻骨

DATA

- ▶鯨偶蹄目ウシ科
- ▶体長：2.4〜3.8m
- ▶体高：2m
- ▶体重：500〜1000kg
- ▶棲息域：アメリカ合衆国中西部、カナダ西部
- ▶食性：草食（草、木の葉等）
- ▶頭骨
  魅力のポイント：洗練されたカッコよさ
  大きさ：特大
  貴重度：★★★★★

西部劇でもおなじみの美しさ
絶滅危機の裏には暗い歴史も

実物とはイメージが異なるシンプルな頭骨

北アメリカ中西部に棲息しており、一時は6000万頭もいたといわれているアメリカバイソン。太古から姿をまったく変えることなく生き続けてきた動物だという。

その身体は後半身が小さく前半身が大きな、いかつい独特の体型を持っている。特にオスは体格がよく、体重は１ｔを越えるものもいる。横幅のある頭、広い額、頭部から肩まで生えた黒や褐色の縮れた長い体毛も特徴だ。頭の大きさに比べてそのツノは短く、最大でも約50㎝ほどであり、頭の左右から湾曲するように生えている。

独特の体型とは異なり、その頭骨は非常にシンプルで、品があるところが魅力的だ。湾曲している左右のツノのバランスも優れている。おしゃれなジーンズショップの壁に飾られていたのを見たことがあり、すごくマッチしていた。アメリカ映画、西部劇などの酒場でのワンシーンでも、アメリカバイソンの頭骨はよく壁に飾られている。北アメリカでは、アメリカバイソンの頭骨は馴染み深いものだといえるだろう。

上品さと鋭さを兼ね備えた非常におしゃれな頭骨

頭骨で見るよりも生体のバイソンの頭部は大きく顔が肉厚だ

バイソンはネイティブアメリカンの主たる食料源となっていた。多くのアメリカ先住民を扱ったアメリカの映画や西部劇でバイソンの群れを見たことがあるだろう。しかし、18世紀～19世紀初頭にかけ移住してきた白人たちにより乱獲され、その数は数百頭まで激減した。

なぜそれほどまでに乱獲されたのか？理由はネイティブアメリカンたちを飢えさせるためだった。肉を食べることもなく、ただ殺されて野ざらしにされた無数のバイソンたち。バイソンの骨が山のように積まれた無残な写真も残っている。人間の身勝手な理由により、その数は激減、絶滅寸前まで追い込まれたのだ。だが現在はアメリカ政府により保護され、その数は約36万頭にまで増えている。

ガウア

Bos gaurus

草食ほ乳類
ウシ科
ツノ
非常に強大で強く大きく弓なりに湾曲している
やや細長い
眼縁は突出している

神奈川県立生命の星・地球博物館所蔵　標本KPM-NF 1003025

バッファロー以上の強靭な筋肉を誇り時にはトラをも倒す

名前も姿も逞しすぎる アジアを代表する野牛

アジアにこれほどまでに凄いバッファロー（野牛）がいることは、日本ではあまり知られていない。ガウアはガウル、セラダンとも呼ばれ、和名はインドヤギュウ。鯨偶蹄目ウシ科の中でも最も大型だといわれており、体長は３m、肩高２m、体重１ｔを超える個体もいるという。大きさだけでなく、その身体も逞しく、オスの肩から背中にかけての筋肉の隆起は凄まじい。筋肉質さはアメリカバイソンをも凌ぐ。

全身に生えた黒から茶褐色の短毛の毛並みも美しく、足先だけは白い毛が生えているところもおしゃれ。顔立ちも端正で、イケメンだ。荒々しいアメリカバイソンなどに比べて、非常に美しく、野性味と上品さを兼ね備えたバッファローといえよう。

おまけに頭から生えた２本のツノも美しい弧を描いている。基部は太く、徐々に細くなり、内側に美しく湾曲するように伸び、長さは60cmほど。頭の大きさとのバランスもいい。もちろんその頭骨の迫力はアメリカバイソンやアフリカスイギュウに引けをとらず、大変魅力的だ。そして頭骨は眼縁の骨が突出し、目を保護している。

ガウアはもちろん草食であり、標高1800mほどの高地の森林に群れで棲み、草や木の葉を食べている。天敵はヒョウやトラ、ワニなど。かなりの体格を持っているため、よほど大きな敵でなければ、成獣のガウアが負けることはないだろう。ツノで何度も突かれ、踏みつけられてガウアに殺されたトラの目撃証言もあるほどだ。

戦いには体重とツノを活かしている。だが性質は温和で非常に用心深いため、よほどのことがない限り、人間を襲うことはない。現在は開発による森林の減少などで、棲息地を追われその数は激減しており、保護の対象となっているようだ。

真っ黒い体毛に覆われ頭のツノの間にグレーの隆起がある独特のフェイス。脚は白だ

DATA

- ▶鯨偶蹄目ウシ科
- ▶体長：2.4～3.3m
- ▶体高：1.6～2.2m
- ▶体重：580～1000kg
- ▶棲息域：インド、ネパール、ミャンマーの森林
- ▶食性：草食（草、木の葉）
- ▶頭骨
  - 魅力のポイント：逞しい造りと力強い角
  - 大きさ：特大
  - 貴重度：★★★★★

草食ほ乳類
ウシ科

Syncerus caffer

アフリカスイギュウ

（バッファロー）

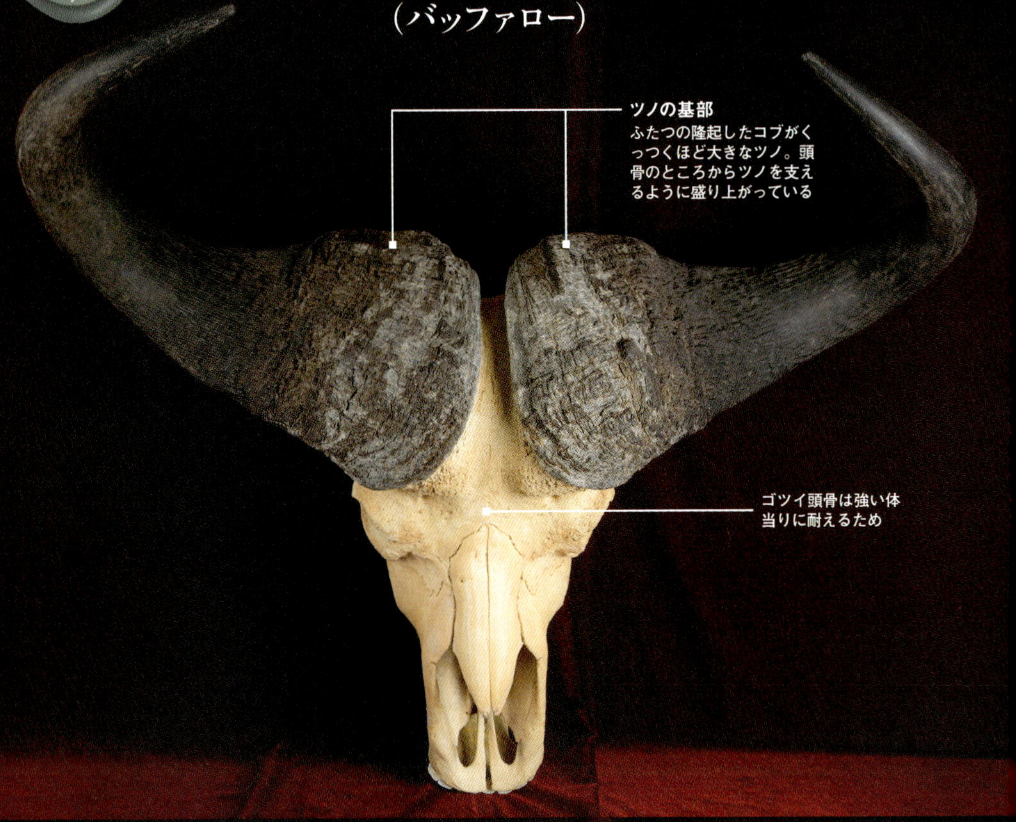
ツノの基部
ふたつの隆起したコブがくっつくほど大きなツノ。頭骨のところからツノを支えるように盛り上がっている
ゴツイ頭骨は強い体当りに耐えるため

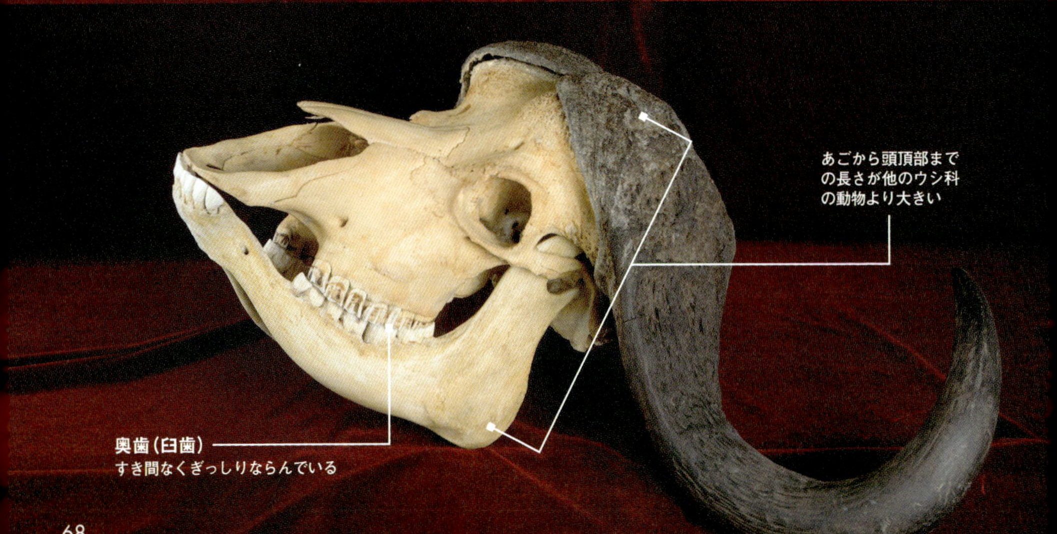
あごから頭頂部までの長さが他のウシ科の動物より大きい
奥歯（臼歯）
すき間なくぎっしりならんでいる

まるで鬼のような迫力ある頭骨
サバンナの最強草食動物

頭突きでライオンさえ倒す
最強のツノを持つ野牛

気性の荒さで知られ、まさにバッファローの代表。アフリカ最大、最強のウシ科動物がアフリカスイギュウだ。力強く伸びたツノが、王者の風格を現している。

屈強な牛を、通称“バッファロー”と呼ぶが、その中でもアフリカ大陸全域のサバンナをメインに棲息するアフリカスイギュウは、まさに猛牛と呼ぶにふさわしい。1tに達することもある巨体、頑固そうな顔立ち、全身に生えた黒や褐色の毛、そして弓形に湾曲した大きなツノは、迫力満点だ。

頭骨はその獰猛さを表すように、まるで日本の鬼を思わせるような顔立ちだ。またひと目で目を引く巨大で立派なツノの存在感も大きく、その根元にある隆起した基部も圧巻だ。基部はメスよりもオスのほうが隆起が大きく、個体によっては左右の基部が頭頂部で接していることもある。ツノや基部の重量もかなりのものなので頭骨は非常に重く、バイソンの2倍、ライオンの6倍以上もある。

しかし横から見た写真で判るように、歯は草食獣のもの。立派な奥歯（臼歯）がずらりと並んでいる。アフリカスイギュウは巨体で非常に獰猛だが、草や木の葉しか食べないのである。

アフリカスイギュウの天敵は、同じくサバンナに棲んでいる百獣の王ライオンだ。だがアフリカスイギュウは、時にはその天敵にも立ち向かうこともある。ツノの生えた大きな頭による頭突きとツノの力は強力で、百獣の王でさえ、まともに食らうと命を落とすこともある。

通常は数十頭の群れを作るが、時には100頭以上、多いと2000頭にも達することがある。ライオンもその群れには挑むことはないようだ。

日本にもアフリカスイギュウの仲間、近縁種がいる。西表島などで家畜として飼われ、牛車を引いたり農作業にも従事しているアジアスイギュウである。

DATA

- 鯨偶蹄目ウシ科
- 体長：2〜3m
- 背高：1.4〜1.8m
- 体重：400〜1000kg
- 棲息域：アフリカ大陸全土
- 食性：草食（草、木の葉等）
- 頭骨
  魅力のポイント：迫力のある頭骨とツノ
  大きさ：特大
  貴重度：★★★☆☆

バッファロー同士が戦っているところ。基部をがっしりと噛み合わせて睨み合い。まさに大相撲のような取り組みだ

Oryx gazella

オリックス（ゲムズボック）

真っすぐなV字のツノは2本の剣のよう

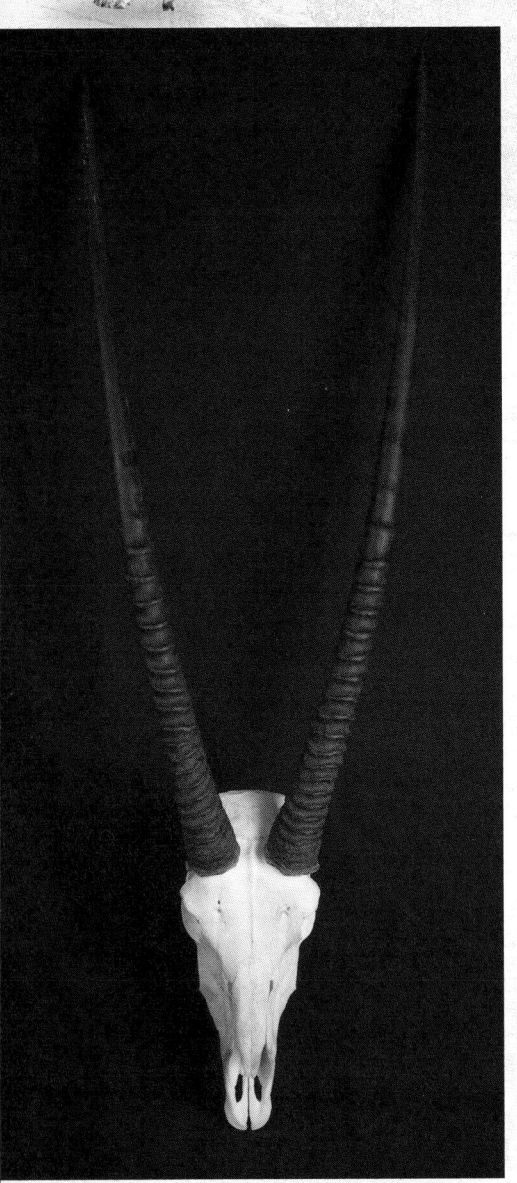

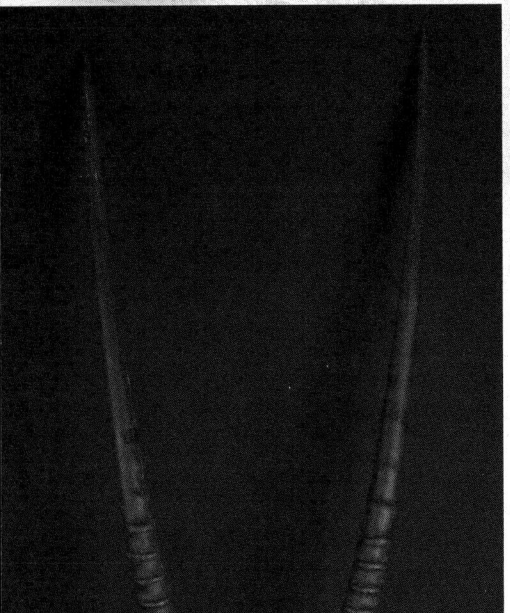

企業名でもおなじみのオリックスには亜種が様々あり、大きくはツノが湾曲しているものと真っすぐな種に分けられる。

このページで紹介しているのは、V字型に真っすぐ突き出したツノの「ゲムズボック」という種類。頭は細長く、上方にまっすぐに伸びた長いツノ。そのシャープな顔立ちとは異なり、身体はガッシリと力強く、特に首など上半身はたくましい。

ツノはメスの方が長い傾向がある。最大で１ｍも真っすぐ伸びたツノは破格の迫力だ。その重量を支えるために上半身はがっしりしているのだろう。モザンビーク南部やアンゴラなどアフリカの中南部のサバンナに棲息している。１ｍのツノは鋭利な剣となりライオンにも応戦する。敵を至近距離に寄せ付けないためにもツノは有効で、時にはライオンを殺す姿も目撃されている。

オリックスは、群れで行動することが多い

DATA

▶鯨偶蹄目ウシ科　▶体長：1.7〜1.9m
▶体高：1.1〜1.3m　▶体重：150〜230kg
▶棲息域：アンゴラ、ジンバブエ
▶食性：草食（草、木の葉等）
▶頭骨　魅力のポイント：長い頭骨と同じく長いツノのマッチ
　大きさ：大　貴重度：★★★☆☆

草食ほ乳類
シカ科

Alces alces

ヘラジカ

体格もツノもシカ科で最大
肉食獣もひるむ迫力

巨体で温和な性格
絵本にもよく登場する人気者

アメリカ、ユーラシア、ヨーロッパの寒冷地に棲み、ヨーロッパでは“エルク”、アメリカ、カナダでは“ムース”とも呼ばれ親しまれている。バイソンと同様、太古からその姿を大きく変えることなく生きてきたほ乳類である。シカ科の中でも最大の大きさを誇る種であり、体長３m。肩の高さまで2.3m、体重は800kg以上に達する個体も存在する。肩の位置が異常に高く、４本の脚は胴体に比べ細く長い。顔も長く、喉には大きな肉垂れがある。非常に奇妙な体型をしているヘラジカだが、その最大の特徴はオスに生えるツノであろう。“ヘラジカ”という和名の元となっている、大きなヘラのように平らな角は幅広く巨大で、その幅は２mにも達する個体もいるという。

頭骨は細長くもろいため、あまりに大きく重いツノに押され、付いたままでは頭骨は破損してしまう。そのためツノが付いた頭骨というものがほとんど存在しないのだ。頭骨の代わりとして“ハンティングトロフィー”と呼ばれる角の付いた頭頂骨が装飾品として珍重されている。

天敵は、ヒグマ、トラ、オオカミなどの大型肉食ほ乳類であり、幼獣や老獣が捕食される。成獣は、強靭な後ろ脚による蹴り、ツノによる突進の攻撃が脅威であるため、大型肉食獣にとってもそうそう手は出せない。人間にとっても危険で、北欧やカナダなどでは道に出てきたヘラジカと車とが起こす深刻な衝突事故が数多く発生して問題になっている。

だが、その性質はとても温和で、棲息地に暮らす人々にとっては非常に馴染み深い生き物といえるだろう。アメリカ合衆国メイン州では州の動物に指定され、カナダ、スウェーデン、ノルウェーではヘラジカが国の動物に指定されているのだ。ほかにも、ぬいぐるみになったり、絵本のキャラクターになったりと子供たちにも非常に人気のある動物である。

ヘラジカの剥製　撮影協力／神奈川県立生命の星・地球博物館

頭骨は非常に鼻面が長く華奢で、ツノをつけたままでは破損する。写真のような頭骨のついたものはほとんど見られない（レプリカ）

【ヘラジカ】

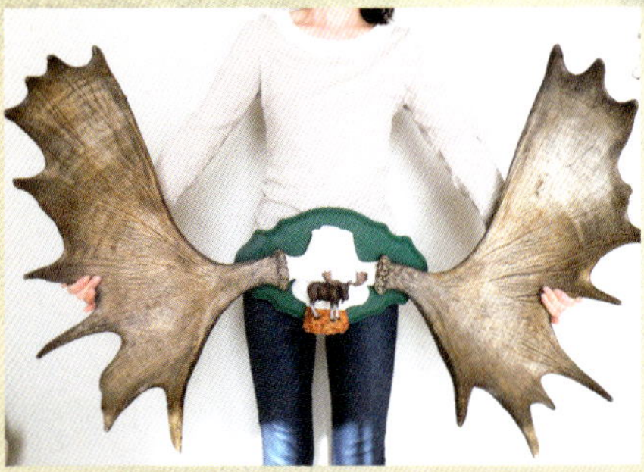

左の写真は通常サイズのツノで、右の写真は極めて大きなツノ。非常に大きく重く大人が持つのも大変なくらいだ

身体の大きさに比べ脚が細く、美脚と呼ばれている

DATA

▶鯨偶蹄目シカ科　▶体長：2.4～3.1m
▶体高：1.4～2.3m　▶体重：200～825kg
▶棲息域：アメリカ北部、中国北東部、ロシア、ノルウェー
▶食性：草食（木の葉、樹皮、果実、水草等）
▶頭骨　魅力のポイント：巨大なツノ
　大きさ：特大　貴重度：★★★☆☆

草食ほ乳類

シカ科

エゾシカ

Cervus nippon yesoensis

DATA

- ▶鯨偶蹄目シカ科
- ▶体長：1.4〜1.8m
- ▶体重：70〜170kg
- ▶棲息域：北海道全域
- ▶食性：草食（植物ならほぼ何でも）
- ▶頭骨

  魅力のポイント：洗練された美しい角

  大きさ：大

  貴重度：★☆☆☆☆

Cervus nippon yesoensis

枝分かれしながら伸びたツノが優美な日本最大のシカ

頭骨も剥製も日本ではポピュラー

北海道に分布しているエゾシカは、本州、四国、九州に棲息するシカに比べかなり大きな身体を持っている。ホンシュウジカ、キュウシュウジカ、ヤクシカ、ケラマジカ、ツシマジカというニホンジカの亜種の中でも、エゾシカは最大級の大きさを誇り、体長は180㎝、体重170kgに達する個体もあるほどだ。

日本的な繊細な美が詰まったツノ

沖縄県慶良間《けらま》諸島に棲むニホンジカの中でも小型種のケラマジカと比べると、実に2～3倍ほどの体重がある。これは「同じ種の恒温動物は、寒冷な地域に生息するほど大型になる」とする“ベルクマンの法則”を見事に証明している。

そのツノも体重と同じように、ニホンジカの中でも最も大きくなる。写真を見てもらえばわかるように、大きく枝分かれしながら長く伸びたツノは立派の一言であり、その美しく洗練された形がエゾシカの最大の魅力といっていいだろう。外国に棲息しているシカ、例えば中国大陸やアメリカ大陸に棲む大型のシカやヘラジカなどの大きく派手なツノと比べれば、迫力では見劣りするかもしれないが、美しさと魅力という点では勝っているのではないだろうか。

その洗練された美しいツノの魅力は、もちろん頭骨になっても変わることはない。頭骨はツノが立派であるほど人気がある。ツノだけで商品取り扱いされるほどだ。木材よりも加工がしやすいため、ペーパーナイフやアクセサリー、飾りやオブジェなどの材料としても人気が高い。さらには、強壮剤としての需要もある。

ツノが人気であるだけでなく、その鹿肉は食肉としても美味で需要があることも、エゾジカの特筆すべき点であろう。さらにその革もバッグなどの革製品になり、骨もさまざまな用途の加工品となり、エゾシカには捨てる部分がないのである。

DATA
▶鯨偶蹄目シカ科
▶体長：0.7〜1m　▶体高：0.4〜0.5m　▶体重：10〜15kg
▶棲息域：中国東部、台湾、イギリス、日本
▶食性：草食（木の葉や果実）
▶頭骨
魅力のポイント：
一つの頭骨におけるツノとキバの存在
大きさ：中
貴重度：★★★☆☆

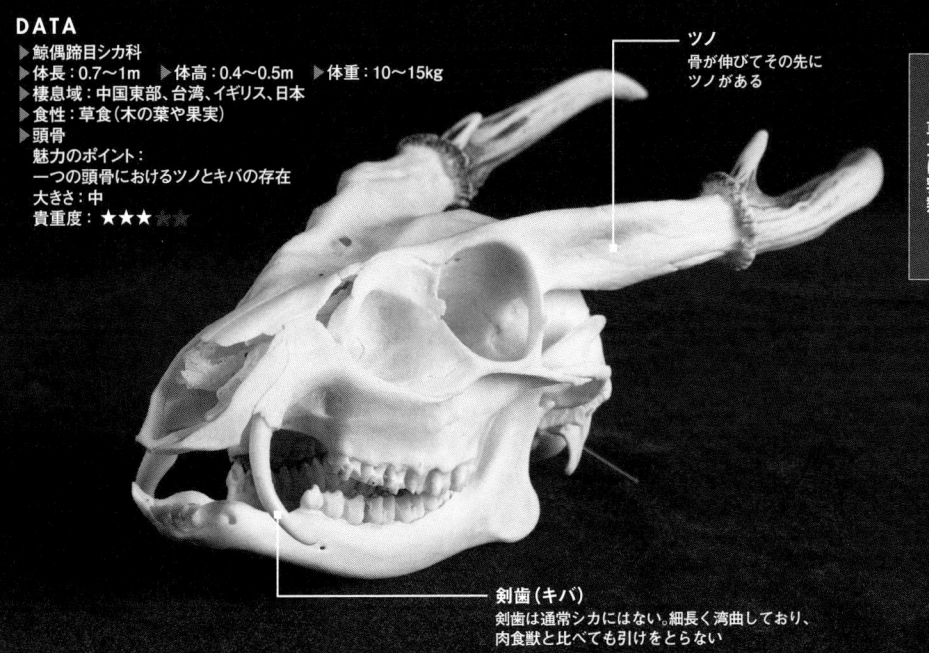

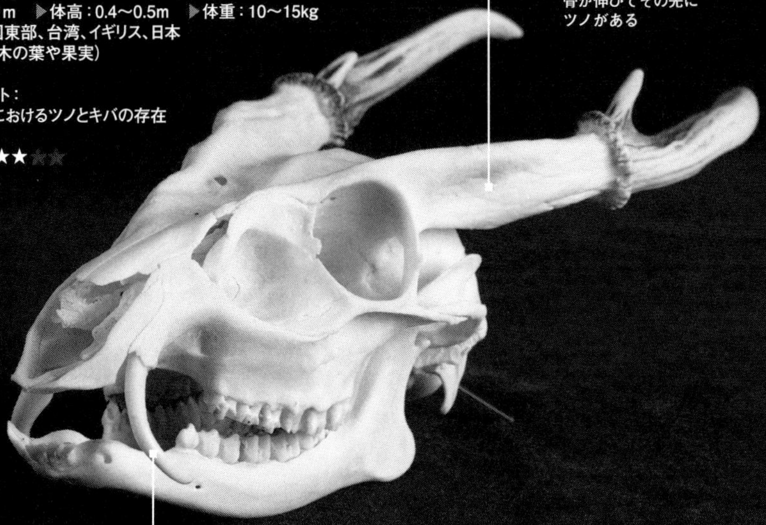
ツノ
骨が伸びてその先にツノがある
剣歯（キバ）
剣歯は通常シカにはない。細長く湾曲しており、肉食獣と比べても引けをとらない

Muntiacus reevesi

キョン（ホエジカ）

シカ科

小型の草食動物なのにキバがあるちょっと不思議な頭骨

キョンはシカ科ホエジカ属に分類されるシカで、元々は中国東部に棲息し、日本やイギリスに移入した。繁殖力が高く、農作物の被害や生態系への影響も懸念されることから、2005年に環境省指定特定外来生物に指定され、許可なく日本国内に持ち込むことは禁止された。

小型で、頭の２本のツノも短い。目頭の部分の臭線の部分が大きいのが特徴であり、それが目のように見えるためにヨツメジカという別名もある。だが最も変わっているのはオスの立派なキバであろう。その食性はもちろん草食で草や木の葉を食べる。ではなぜ大きなキバが生えているのだろう？

このキバは、肉食獣のような捕食のためのキバとは異なり、オス同士のメスの奪い合い、またいざという時、天敵から身を守るためのキバなのだ。

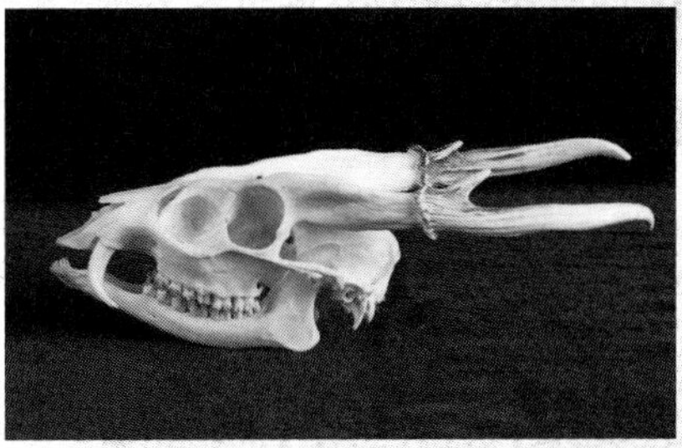
横から見た頭骨はキバと後方に伸びるツノのバランスがカッコいい

Rhinoceros unicornis

インドサイ

草食ほ乳類
サイ科

古代生物の面影を残す重量級

頭はゴツゴツしており、全体的に見た目が非常に原始的である。身体の皮膚は角質化し、まるで鎧のようだ。現生動物というより、絶滅した古代生物のように思える迫力だ。実際、イッカクサイ亜科の歴史はインドの漸新世の化石にまでさかのぼることができるし、近い姿をしているジャワサイなどはこの1000万年間は体型がほとんど変化していない。インドサイは、草原や湿地、森林などで単独で生活している。

頭骨をみると、クロサイとは違って口先が長く、門歯があるのがわかる。下あごにはちいさなキバのようなものも見受けられるが、これはオス同士の戦いの時に用いられる攻撃用のキバである。ツノはクロサイよりも小さく１本しかないが、このツノも漢方薬の原料になるため密猟の対象になっている。

人と比べて見るとその大きさがわかるだろう

神奈川県立生命の星・地球博物館収蔵　標本KPM-NF 1002747

DATA

▶奇蹄目サイ科　▶体長：3.1〜4.2m
▶体高：1.5〜1.8m　▶体重：1500〜2500kg
▶棲息域：インド北東部、ネパール
▶食性：草食（草、木の枝、果実等）
▶頭骨
魅力のポイント：武骨な感じに控えめな角
大きさ：特大　貴重度：★★★★★

剣歯（キバ）
同じくアジアに分布した古代サイ〝キロテリウム〟と同様なキバがある。

神奈川県立生命の星・地球博物館収蔵　標本KPM-NF 1002747

Diceros bicornis

クロサイ

草食ほ乳類
サイ科

その体当たりは自動車も壊してしまうほど

クロサイは頭が非常に大きく、長く、重厚な造りになっており、その巨体が繰り出す体当たりのパワーは凄まじい。時には車に体当たりもできるほどの丈夫な体であることが、頭骨を見るとよくわかる。

頭骨はずっしりと重量感があり、頭骨だけでも運ぶとなれば、大人３人がかりでやっとである。攻撃から護るために、小さな眼はやや後方についている。

歯は大きくきれいに並んでおり、この歯で草をすり潰す。歯が巨大すぎるため若葉や新芽が食べやすいように、門歯がなく上唇は物をつかむのに適した形になっている。

立派なツノは骨ではなく毛が変化したもので、化石としては残らない。

神奈川県立生命の星・地球博物館収蔵
標本KPM-NF 1004028

DATA

- ▶奇蹄目サイ科
- ▶体長：2.8〜3.05m
- ▶体高：1.4〜1.6m
- ▶体重：350〜1300kg
- ▶棲息域：アフリカ大陸に広く分布
- ▶食性：草食（木の葉、草等）
- ▶頭骨
  魅力のポイント：大きさとツノの存在感
  大きさ：特大
  貴重度：★★★★★

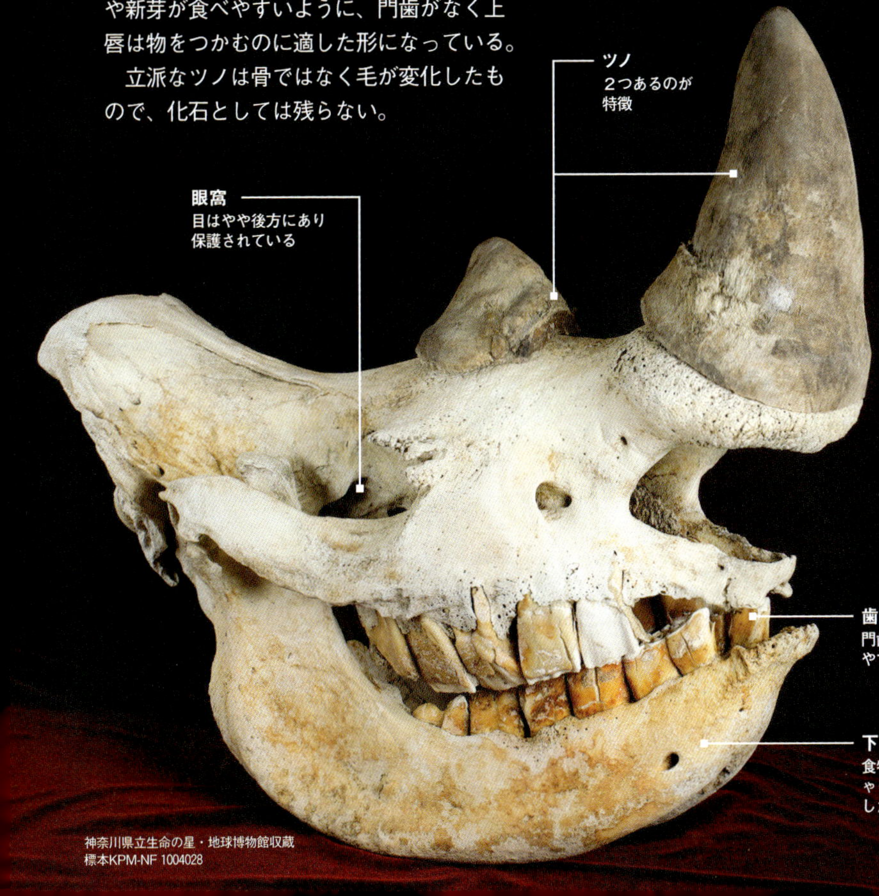
ツノ
２つあるのが特徴
眼窩
目はやや後方にあり保護されている
歯
門歯がなく草が食べやすくなっている
下あご
食物をしっかり咀しゃくできるがっしりした造り

神奈川県立生命の星・地球博物館収蔵
標本KPM-NF 1004028

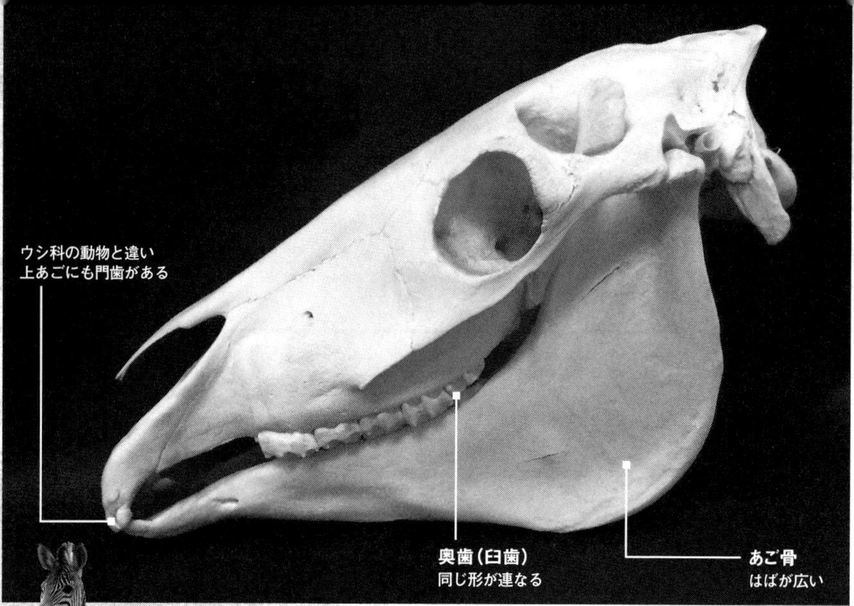
ウシ科の動物と違い
上あごにも門歯がある
奥歯（臼歯）
同じ形が連なる
あご骨
はばが広い

Equus grevyi

シマウマ

草食動物の見本のようにぎっしり並んだ臼歯

シマウマは身体的には頭と首が長く、四肢も細く長い。大きな個体では400kgにもなる身体を、ひづめにおおわれた足の中央の第３指のみで体重を支えている。

頭骨を見てみるとあまり凹凸がなく、のっぺりと長い印象だ。一日中草を食んでいるだけあり、草食動物らしい奥歯がぎっしりと生えている。好物は繊維の少ない草だ。

そしてシマウマの最大の特徴はその体毛の模様である。なぜ白地に黒のシマ模様という独特な体色なのか。実は群れを成していると動くシマ模様に捕食者は目をくらまされてしまう。また茂みに隠れるとこのシマ模様が意外にカモフラージュとなる。シマ模様の効果については体温調節のためや、天敵への目くらまし効果など諸説あるが、仲間同士を結びつけ、見分けるのに役立っていると思われる説が有力だ。

特徴のうすいのっぺりした頭骨

DATA

▶奇蹄目ウマ科　▶体長：2～2.4m
▶体高：1.4～1.6m　▶体重：350～450kg
▶棲息域：エチオピア、ケニア北部
▶食性：草食（草等）
▶頭骨　魅力のポイント：のっぺりした感じ
　　　　大きさ：特大　貴重度：★★☆☆☆

Giraffa camelopardalis

キリン

草食ほ乳類 キリン科

頭のコブは実は骨の一部。前後に長い頭も特徴的

キリンといえば長い首だが、首の骨の数は、人間と同じで７つの頸骨しかないことはご存知だろうか？　１つずつが長く大きいのだ。頭骨の大きさもウマやウシの比ではない。特にその長さは70㎝を超すものもある。だが意外に薄く軽いのが特徴で、重すぎると支えきれないのかもしれない。生体時の頭に２つある瘤のような物は実はツノで、頭骨と一体化しているのがわかる。

首だけでなくその体高も動物界一である。地面から頭まで平均して５m以上。ライオンなどの肉食動物に襲われた時に、脚の長さを活かしたキックで対抗する。

基本的には草食獣だが、時には小型の動物を捕食することもある。日本でも動物園で、ハトを捕食する光景が目撃されたこともある。舌も約40㎝と長く、舌で絡め取るように餌を口に運ぶのだ。

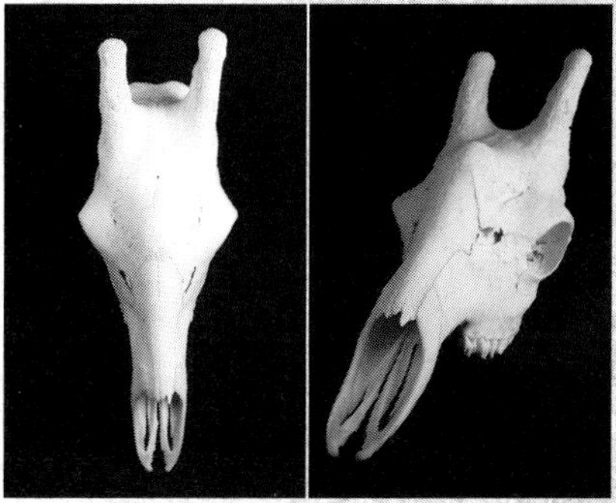

大きいが、品のある凛とした佇まいが魅力。ロビーやお店のインテリアとして飾られていてもおかしくない

DATA

▶鯨偶蹄目キリン科　▶体長：4.5〜5.5m
▶体高：3〜4m以上　▶体重：550〜1930kg
▶棲息域：アフリカ南部
▶食性：草食（木の葉等。タンパク質が不足すると小鳥等を捕食することがある）
▶頭骨
魅力のポイント：シックな感と角の存在
大きさ：特大
貴重度：★★★★☆

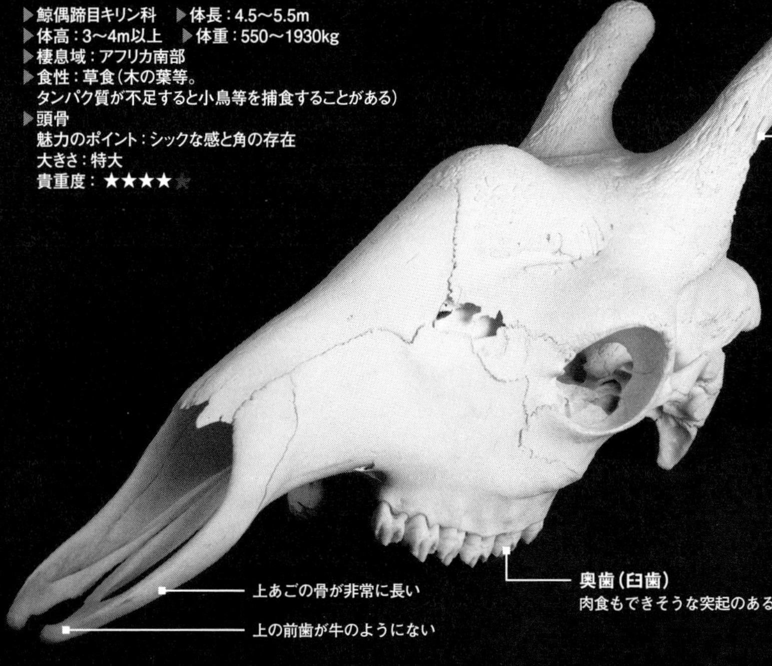
ツノ
毛の進化ではないためツノが骨で残っている
上あごの骨が非常に長い
上の前歯が牛のようにない
奥歯（臼歯）
肉食もできそうな突起のある歯

頭骨図鑑

第3章

強靱な前歯を持つビーバーから袋を持つカンガルーまで

げっ歯類と有袋類

出っ歯の前歯のげっ歯類とお腹の袋で子育てする有袋類。
その突出した特徴を持つ2種の動物の頭部には
驚くべき類似点があった。

4本の出っ歯がトレードマーク

げっ歯類3兄弟集合!

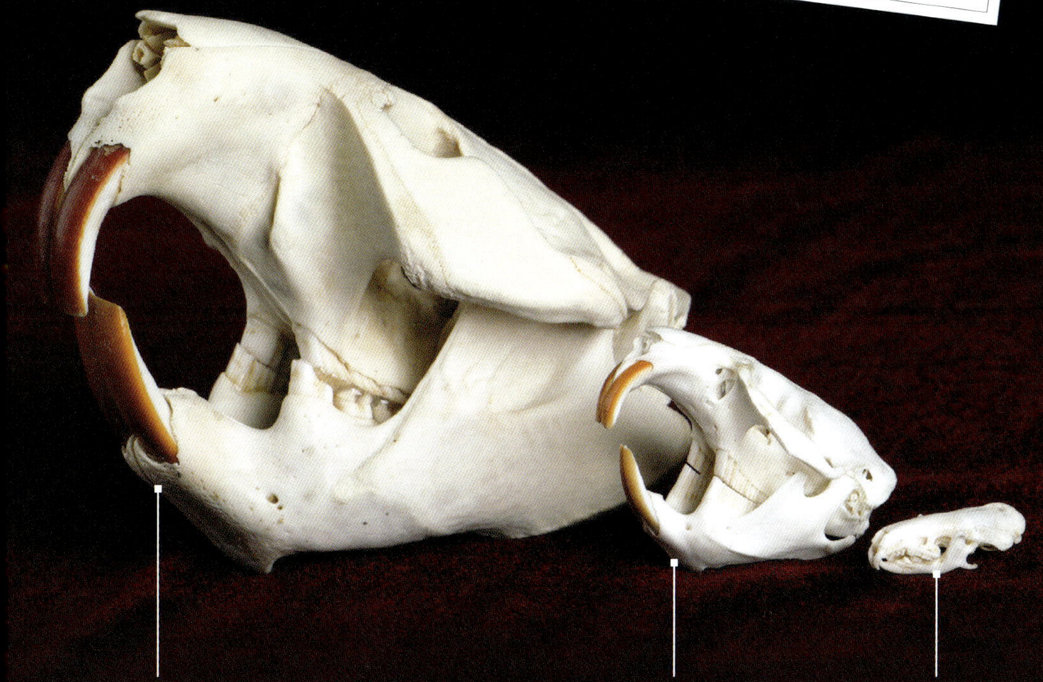

頭骨でわかる げっ歯目の類似性

げっ歯類は、全ほ乳類の実に4割を占める一大勢力だ。特にネズミ科は、げっ歯類の3分の2にものぼる。他はリスやビーバー、ウサギなどだ。

出っ歯のファミリーの頭骨は、いずれも目立つ大振りな門歯（前歯）と、門歯と口との間の歯隙（しげき）と呼ばれる空洞とゴツいアゴが共通の特徴となっている。

小さい普通のジャコウネズミでもこの頭骨の造りは、同じだ。特にビーバーの頭骨は骨太。森の木々を前歯（門歯）で切り倒すには、これほどまでに頑丈な造りでなくてはいけないのだ。人間の指くらいなら砕く威力をもつ。

他に門歯がトレードマークになっている動物はコアラやウォンバットなどの有袋類がある。生体のイメージはネズミとは全く違うが、頭骨で見ると同じ系統に見えてしかたない。

げっ歯類と有袋類
カピバラ科

Hydrochoerus
hydrochaeris

カピバラ

のんびり癒し系な世界最大のネズミ

キャラクターとしても 動物園での温泉浴も大人気

キャラクター商品も大人気のカピバラ。和名は鬼のように大きいという意味でオニテンジクネズミだ。間延びした顔にまつげの長い小さな目と耳、褐色の長い体毛を持ち、尾はなく、癒し系なルックスが人気だ。門歯（前歯）は鋭く力強いが、性質は非常に温和。オスの鼻の上にはモリージョという黒い突起があり、メスを引き寄せる。

頭骨はネズミそのものだが、ネズミの中で最も大きいだけあり非常に巨大である。大きな門歯も、頭骨ならばよくわかる。

泳ぎが得意であり、前脚、後脚すべてにクモの巣のような水かきが付いているのも特徴だ。群れをなして泳ぎ、水の中に生えた草を食べ、天敵である肉食動物から身を隠すために５分も水中に潜ることができる。排泄や交尾なども水中で行い、まさに水中はカピバラのほとんどの生活の場であるといえよう。

カピバラが家族で群れているのも微笑ましい

DATA

- ネズミ目カピバラ科
- 体長：1.05〜1.35m
- 体重：35〜65kg
- 棲息域：ブラジル南部、アルゼンチン北部
- 食性：草食（水中の草、木の葉等）
- 頭骨
  魅力のポイント：げっ歯でありながら大きい
  大きさ：中
  貴重度：★★☆☆☆

神奈川県立生命の星・地球博物館収蔵
標本KPM-NF 1001929

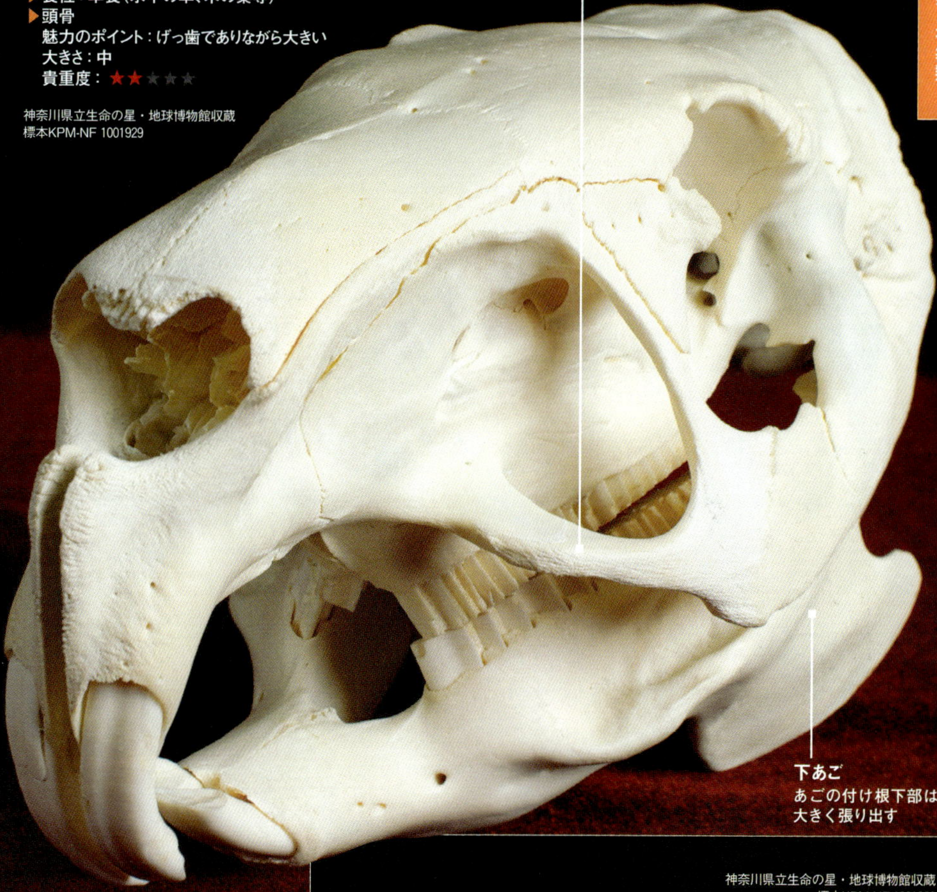
ほお骨
ほお骨はふたまたになっており変わった造りになっている
下あご
あごの付け根下部は大きく張り出す

神奈川県立生命の星・地球博物館収蔵
標本KPM-NF 1001929

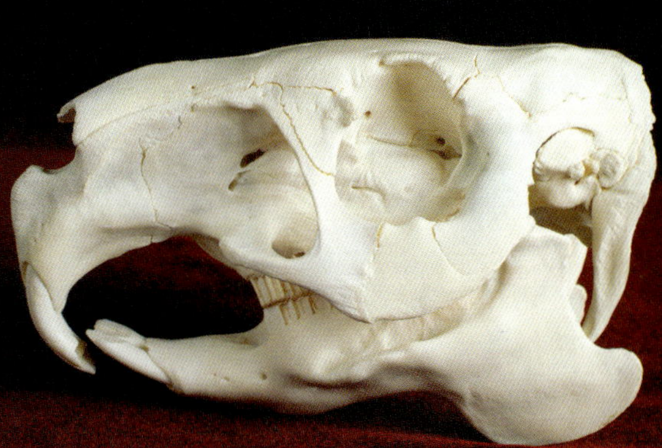

横から見るとあご骨の付け根下部が非常に変わった造りをしているのがわかる

神奈川県立生命の星・地球博物館収蔵
標本KPM-NF 1002000

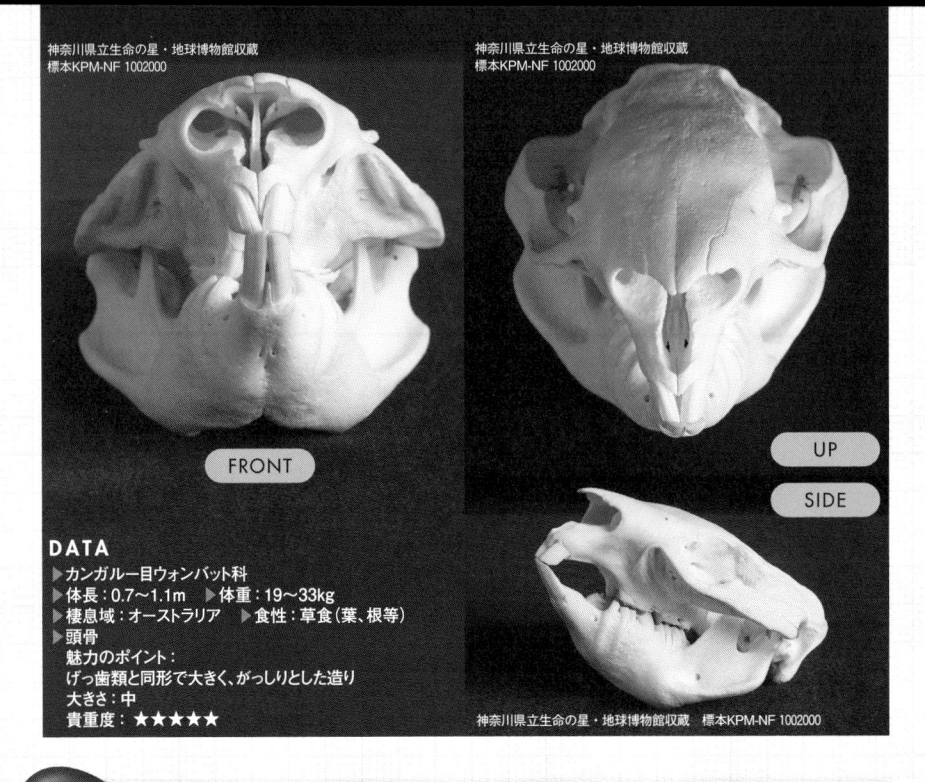

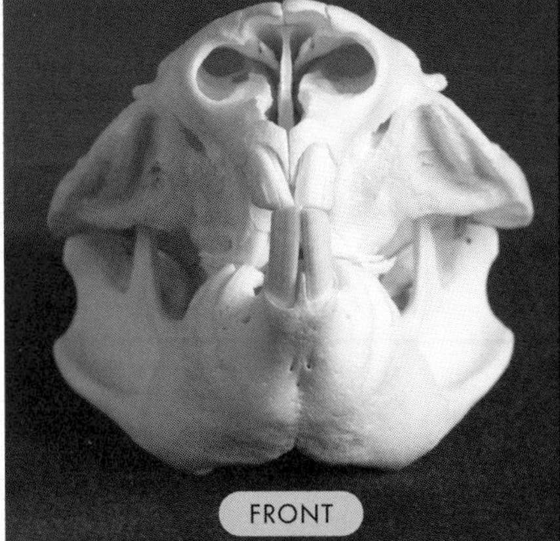

神奈川県立生命の星・地球博物館収蔵
標本KPM-NF 1002000

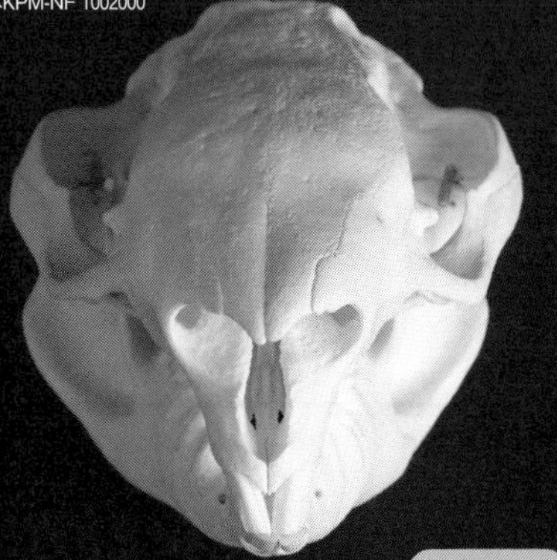

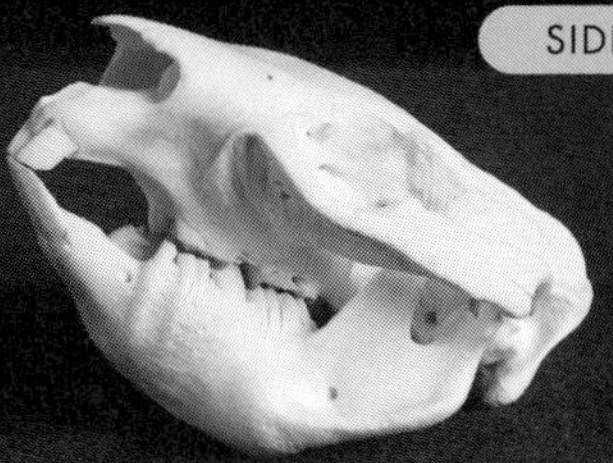

神奈川県立生命の星・地球博物館収蔵　標本KPM-NF 1002000

DATA

▶カンガルー目ウォンバット科
▶体長：0.7〜1.1m　▶体重：19〜33kg
▶棲息域：オーストラリア　▶食性：草食（葉、根等）
▶頭骨
魅力のポイント：
げっ歯類と同形で大きく、がっしりとした造り
大きさ：中
貴重度：★★★★★

げっ歯類と有袋類
ウォンバット科

Vombatidae

ウォンバット

ぬいぐるみのような見た目のカンガルーの仲間

カンガルー目のウォンバットは、有袋類の仲間であり、コアラとも近い種である。名前は、オーストラリアのアボリジニの言葉で平たい鼻という意味。オオフクロモルモット、フクロアナグマなどの和名もある。

見た目はタヌキのようにも見えるが、頭骨を見るとウサギやビーバーなどに似ていることがわかる。コアラよりも前後に長く、よりげっ歯類の頭骨という印象を受ける。げっ歯類と同じように門歯も大きく、あごも頑強であることがわかるだろう。

前足には大きな爪が生え、力も非常に強く、地面に穴を掘ることを得意としている。夜行性であり、昼間はほとんどをトンネル状の巣穴の中で過ごし、夜になると活動を始める。メスは腹袋を持ち、子供はその中で６カ月間ほどを過ごす。腹袋の入口はカンガルーと違い、後側にあることも特徴だ。

神奈川県立生命の星・地球博物館収蔵
標本KPM-NF 1002000

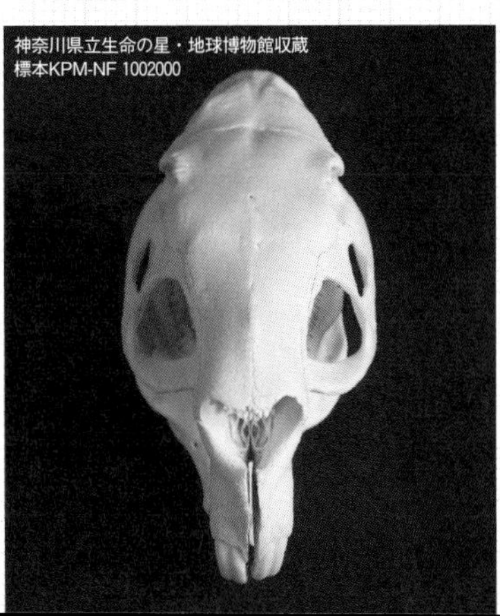

門歯が小さいものの、頭骨はかなりビーバーに酷似する

DATA

- オポッサム目オポッサム科
- 体長：0.35〜0.55m
- 体重：1〜2.5kg
- 棲息域：南北アメリカ大陸
- 食性：肉食（鳥、カエル等）
- 頭骨
  魅力のポイント：他に見られない形　大きさ：小
  貴重度：★★★☆☆

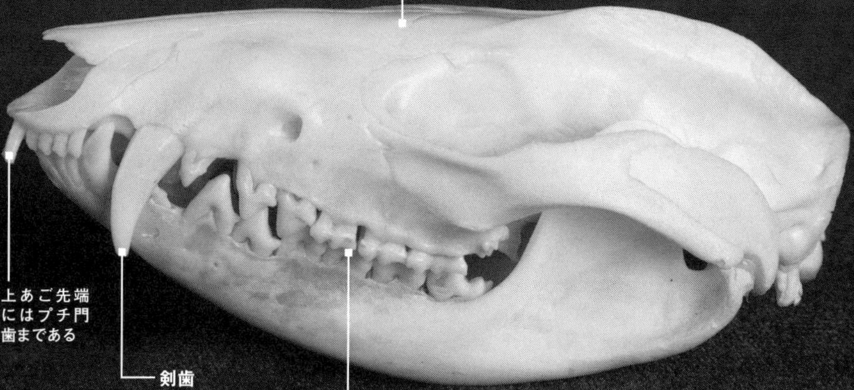
頭部はげっ歯類
とタヌキの中間
のような形
上あご先端
にはプチ門
歯まである
剣歯
鋭いキバがある
奥歯（臼歯）ももやや
げっ歯類に似ている

げっ歯類と有袋類
オポッサム科

Didelphimorphia

オポッサム

死んだふりをする不思議な生き物

60以上の種類がいるオポッサムだが、その中でもキタオポッサムは北アメリカ大陸に分布している唯一の有袋類である。アメリカの他の有袋類は絶滅してしまったとされているが、オポッサムだけは原始的な形態を持っていたため環境への適応がうまくいき、生き残れたのではないかという説がある。古い和名はフクロネズミ、子供が大きくなり腹袋から出ると親の背中にはりつくことから、コモリネズミとも呼ばれた。

オポッサムの生態の中でもっとも驚くのは、外敵に襲われると、“死んだふり” をすること。口を半開きにして舌を出し、虚空を見つめながら、地面に横たわるのだ。

外見は大きなネズミだが、頭骨を見るとネズミとは違う、不思議な形の頭骨だ。非常に原始的な形態で、人の祖先をも思わせる姿をしているのではないだろうか。

頭骨を見てもそうだが生きている姿もネズミのようなタヌキのような不思議な生き物だ

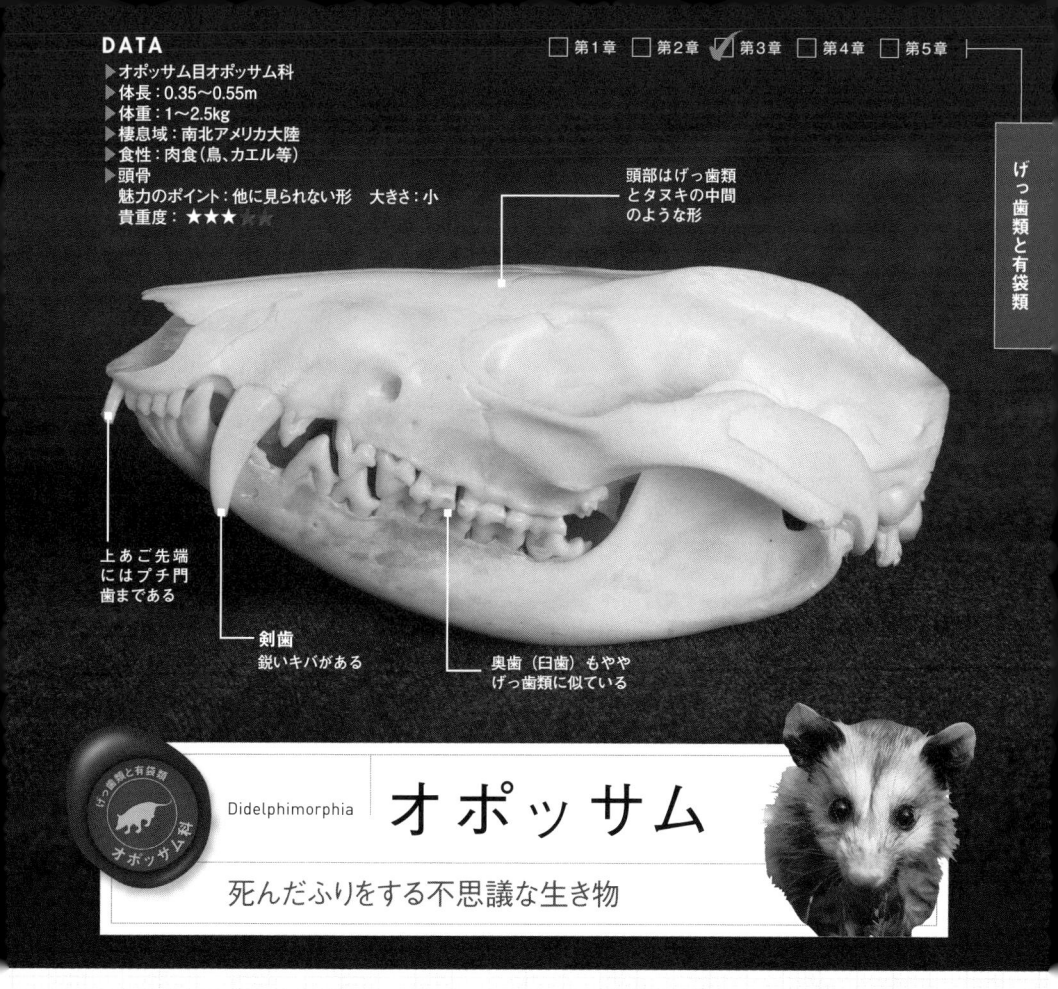

げっし類と有袋類
ビーバー科

Castor

ビーバー

ダムづくりで有名な「森の大工」
実は結構荒っぽい性格

すべての動物の中で 最も頑丈な頭骨を持つ

“ガリガリ”と立木をかじり切り倒すことができるビーバーは、げっ歯類の中でも大型種。切り倒した木々でダムを作り、巣作りをすることは非常に有名だが、これは他の動物にマネのできないすごいことなのである。通常は川や湖の土手に巣穴を作るのだが、巣を作るのにふさわしい場所が見つからない場合にダムを作るのだ。

木をかじり倒し、その木や枝、泥などを積み上げて流れをせき止め、草原や森林の中を流れる小川や池を作り、住みやすい環境に変えてしまうのだ。自ら棲息環境を変えてしまう動物は、ビーバー以外には存在していない。“ロッジ”と呼ばれる木の枝と泥で作られたドーム型の巣は、敵の侵入を防ぐため水中からしか出入りできないようになっている。

名前も姿も愛くるしいが、実は身体的能力の高さは動物界でも屈指

現在確認されているビーバーが作った最大のダムは、長さ850mもあり、1970年代から作られ始め、数世代にわたり拡張されているという。

その頭骨は、見てもらえば解るように非常に強靭な造りをしている。同じく頑丈な頭骨を持つハイエナをも遥かに凌ぐ。木を切り倒す力を持つそのあご骨は、とても大きく、そしてやはり大きな門歯（前歯）が目を引く。斧の役目を果たしている巨大な門歯は非常に堅く鋭利である。

地上ではあまり機敏ではなく、コヨーテなどの天敵もいるために陸地での行動はほとんどしないビーバーだが、水中では水かきを持った後脚と舵取りのできる尾を使い、時速8kmで泳ぐことができる。油で覆われた防水効果のある体毛、ゴーグルの役割をする透明なまぶた、15分も潜水できる強い肺と、まさに水中での生活を前提とした身体を持っているのも特徴だ。

ビーバーは警戒心が強く、気が荒いことでも知られている。可愛いからと不用意に近づくと、斧のような門歯で噛まれてひどい怪我をすることもあるので要注意だ。

DATA

- ネズミ目ビーバー科
- 体長：0.6〜0.9m
- 体重：15〜30kg
- 棲息域：北アメリカ大陸、ヨーロッパ北部
- 食性：草食（木の葉、草、木の皮等）
- 頭骨

魅力のポイント：強靭な頭骨
大きさ：中
貴重度：★★★☆☆

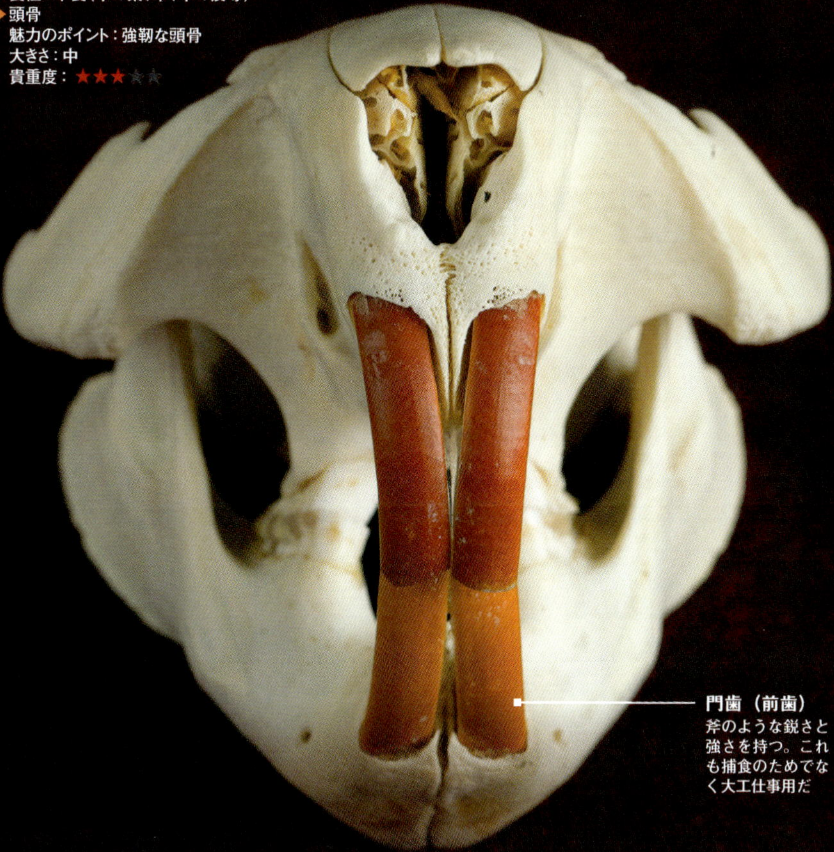
門歯（前歯）
斧のような鋭さと
強さを持つ。これ
も捕食のためでな
く大工仕事用だ

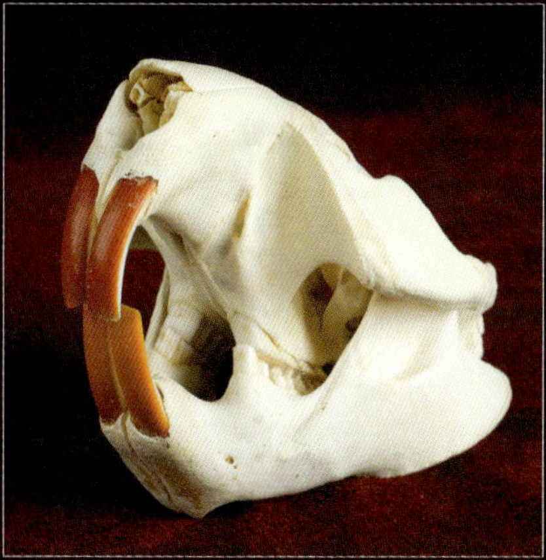

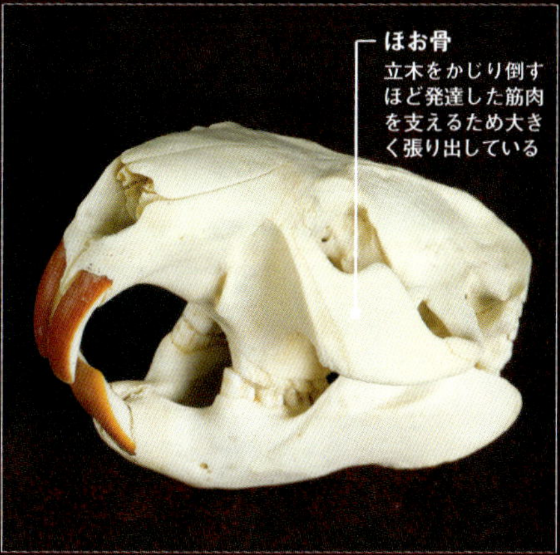
ほお骨
立木をかじり倒す
ほど発達した筋肉
を支えるため大き
く張り出している

DATA

- ▶カンガルー目コアラ科
- ▶体長：0.65～0.82m
- ▶体重：4～15kg
- ▶棲息域：オーストラリア東部
- ▶食性：草食（ユーカリ、アカシア等）
- ▶頭骨
  魅力のポイント：丸いビーバーのようなフォルム
  大きさ：中
  貴重度：★★★★★

神奈川県立生命の星・地球博物館収蔵
標本KPM-NF 1001984

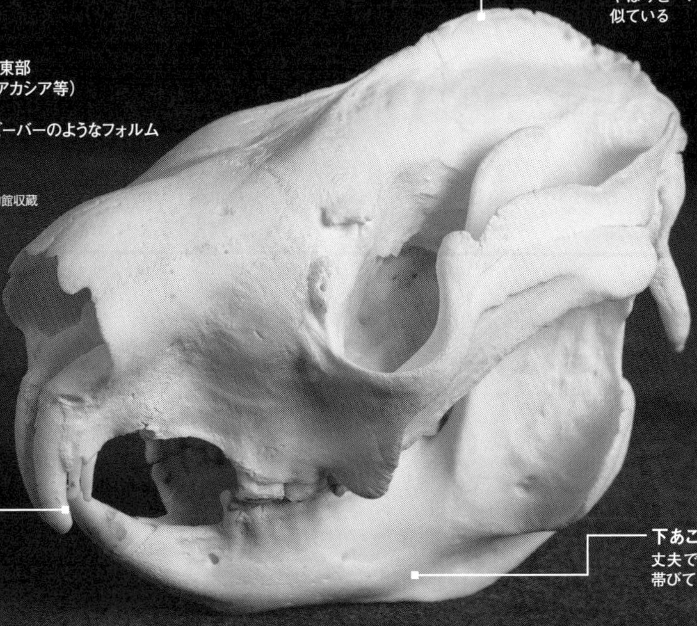
頭骨はウォンバットほどではないがやはりビーバーに似ている
門歯
ビーバーに比べると小さい
下あご
丈夫で丸みを帯びている

げっ歯類と有袋類
コアラ科

Phascolarctos cinereus

コアラ

げっ歯類のような門歯がチャームポイント

可愛らしい姿とのんびりとした温和な性格から子供から大人まで人気があるコアラ。子供を背負ったメスの姿も有名である。

小さく可愛らしい門歯がコアラの頭骨の特徴で、門歯は横から見るとくちばしのようだ。前からは２本の門歯だけが見えて非常にキュート。頭骨の形状は、門歯の大きさ以外はげっ歯類のビーバーと似ている。

保護活動がされている現在からは考えられないが、もともとはオーストラリア先住民の食料であった。その後も、19世紀から20世紀前半に入植してきたヨーロッパ人によって毛皮目的の狩猟が行われ、絶滅の危機に瀕していたこともある。コアラは温和であり、動きもゆっくりとしているため、非常に狩りがしやすかったのであろう。現在では、その数も増え、逆にユーカリの食害が出ているほどだ。

生体の顔は丸くボールのように見えるが、頭骨の正面または上から見ると非常に角張っているがわかる

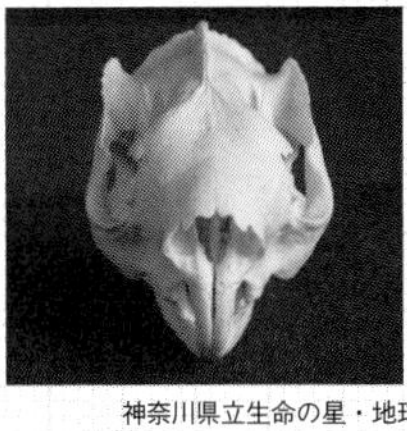

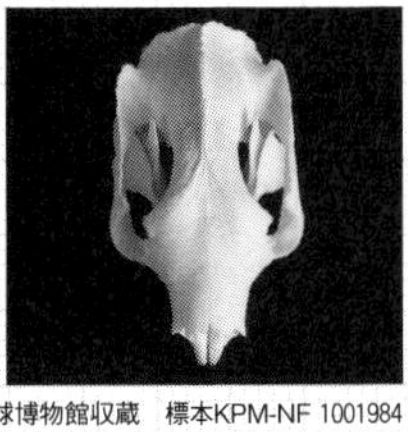

神奈川県立生命の星・地球博物館収蔵　標本KPM-NF 1001984

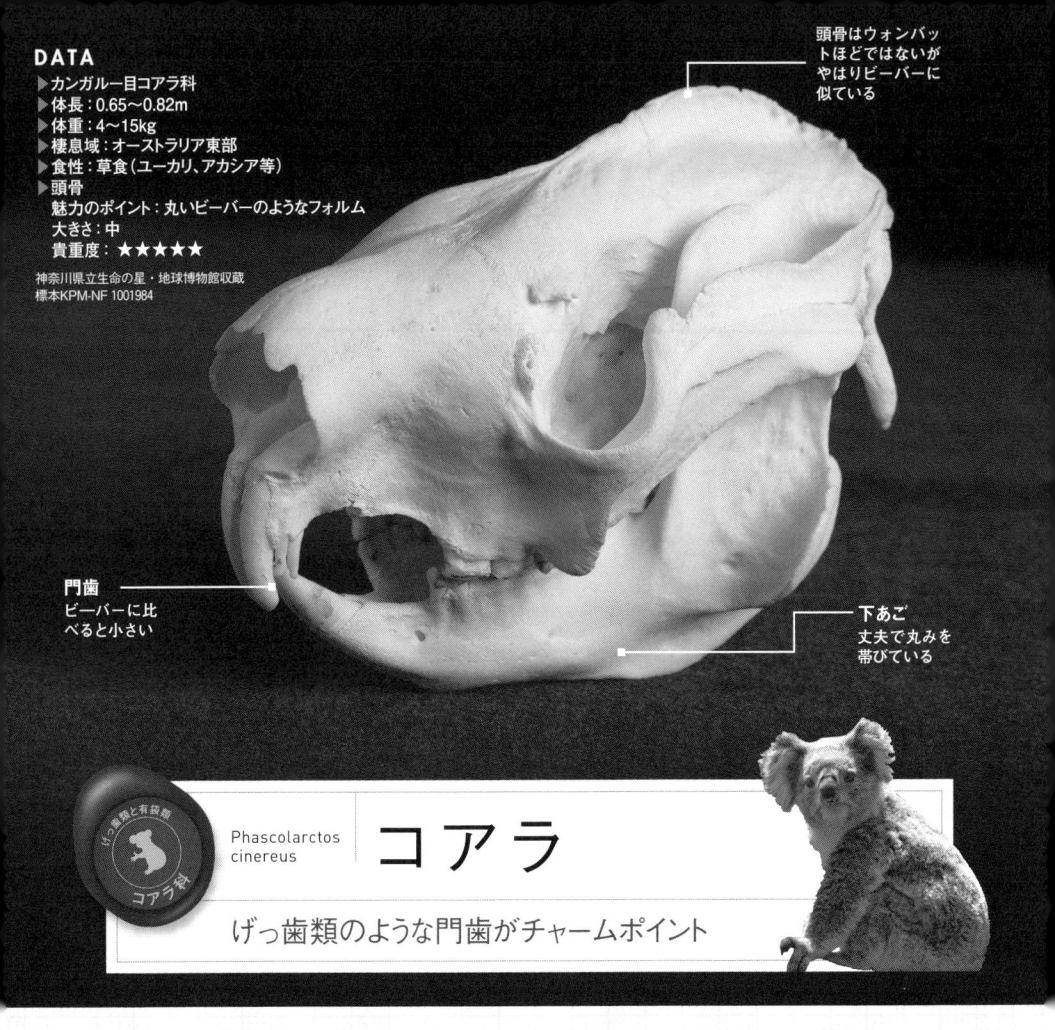

Macropodidae

カンガルー

よく見ると「巨大ウサギ」!?　天敵を振り切るジャンプ移動

　カンガルーの特徴は、後脚が非常に発達していてジャンプによって高速移動ができること。時速60km以上という記録もある。４本脚で走るよりもエネルギー消費が少ないこともわかっている。カンガルーと同じような動きをする生き物に“ウサギ”がいるが、頭骨を見るとややげっ歯類のような形状をしていて、確かにウサギにも似ている。そう思うと、何だか巨大ウサギのようにも見えるのが不思議だ。カンガルーの優れたジャンプ力は、天敵から逃れるためのものだったが、フクロオオカミなどがすでに絶滅したため現在は天敵がいない。

　他の有袋類と同じくカンガルーは腹袋をもつ。カンガルーは交尾をするとすぐに出産、１ｇに満たない新生児は自力で腹袋まで移動し、母親の乳首を見つけるという。子供はその腹袋で30 ～ 40週まで生活する。

人間が食らえば命にかかわるほどキック力は強い

DATA

- ▶カンガルー目カンガルー科
- ▶体長：1.2〜1.6m　▶体重：40〜80kg
- ▶生息域：オーストラリア大陸、タスマニア島
- ▶食性：草食（木の根、キノコ、昆虫等）
- ▶頭骨
  魅力のポイント：
  げっ歯類と同じで、大きいこと
  大きさ：中
  貴重度：★★★

この頭骨標本では抜けてしまっているが、実際には上あご下あごともにげっ歯類に似た門歯があり、頭骨全体もどことなくウサギに似ている

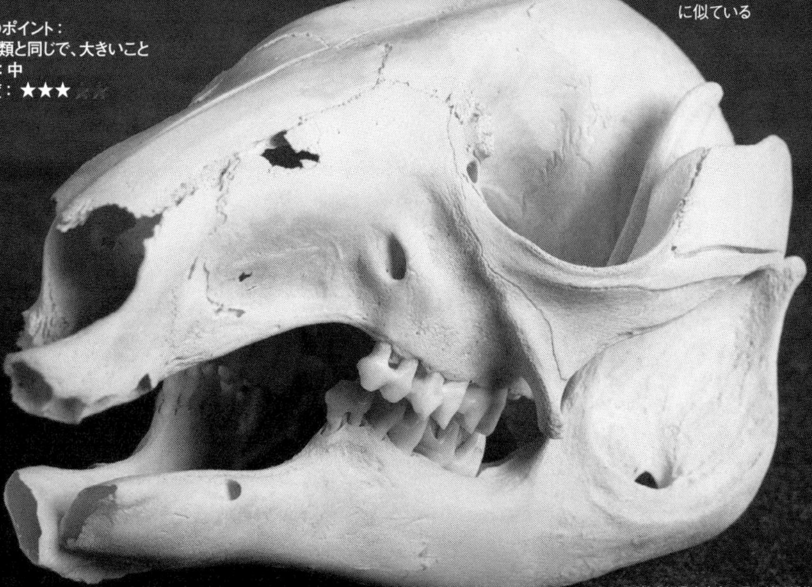

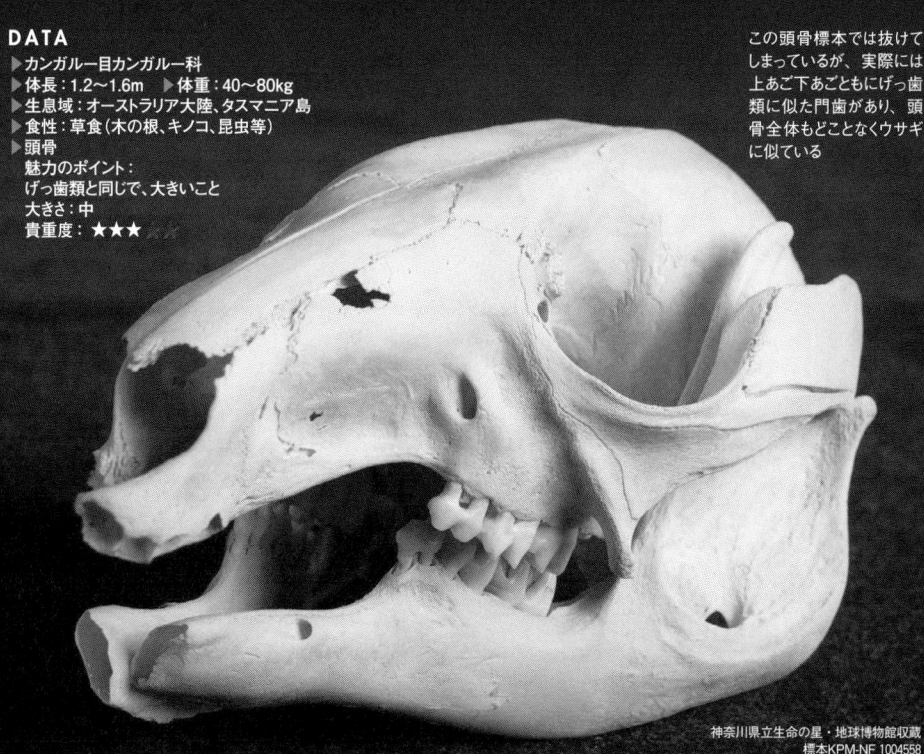

神奈川県立生命の星・地球博物館収蔵
標本KPM-NF 1004558

肉食が意外に多い鳥類の先祖はやはり恐竜？

鳥類の頭骨はクチバシを楽しむ！

鳥類の頭骨といえば、まずはクチバシが思い浮かぶだろう。
ペリカンのような変わった口やタカのような猛禽類の鋭いクチバシや
アヒルのようなクチバシまで、
その形状の違いはどこからきたのだろうか？

［オオタカ］獲物を捕食するときは、急降下爆撃機のように時速120kmのスピードで襲いかかる

［アオサギ］魚などの養殖場を荒らし、有害な鳥として駆除されている国もある

［野ガモ］カモは魚から小型ほ乳類、昆虫、水草までかなりの雑食動物だ

DATA（オオタカ）

▶タカ目タカ科　▶体長：0.5〜0.6m　▶体重：0.59〜1.21kg
▶棲息域：北アフリカからユーラシア、ソマリア
日本では南西、南方諸島除く全域
▶食性：肉食（ハト、カモ、ウサギ等）
▶頭骨
魅力のポイント：クチバシの形状
大きさ：小クチバシの形状
大きさ：小
貴重度：★★★

［オオタカ］

［アオサギ］

DATA（アオサギ）

▶コウノトリ目サギ科
▶体長：0.88〜0.98m　▶翼開長：1.5〜1.7m
▶体重：1.2〜1.8kg
▶棲息域：アフリカ大陸、ユーラシア大陸、イギリス、日本
▶食性：肉食（魚類、カエル、甲殻類等）
▶頭骨
魅力のポイント：クチバシの形状　大きさ：小
貴重度：★★

Balaeniceps rex

ハシビロコウ

動物園の人気者
頭骨でも巨大な顔のインパクトはそのまま

DATA

▶ペリカン目ハシビロコウ科
▶体長：1.2m　▶翼開長：2m
▶体重：5～6kg
▶棲息域：南スーダンからザンビアの湿地
▶食性：肉食（野生はハイギョ、ポリプテルス、カエル等）
▶頭骨
魅力のポイント：大きな頭とクチバシ　大きさ：大～中
貴重度：★★★★★

（有）上野剥製所収蔵

鳥らしからぬ 獣を想わせる迫力ある姿

「赤ちゃんを運ぶ」といわれているコウノトリの仲間は、大型で原始的なものが多い。中でも、ハシビロコウは、動物園で見たい動物のランキングで上位に入る人気だ。その風貌は特異で巨大な頭に不釣り合いなほど巨大なクチバシが生えている。ハシビロコウの英名は〝クジラ頭のコウノトリ〟という意味で、そのクチバシから命名されている。

獰猛な鋭い眼は、大型の魚を捕獲するハンターの眼だ。特に好物は古代魚の“ハイギョ”である。ハイギョが呼吸をしに上がってくるのを静かに待ち続け、巨大なクチバシで一気に捕え、丸呑みする。しかも上と下のクチバシで巨大魚もすぐに粉々にするという。

大きな体だが普段はあまり動かず大人しい。さらに獲物を狙う際には数時間にもわたってじっと水辺で動かない。取材に来たテレビカメラの前でまったく微動だにしなかったため、クルーがカメラの故障を疑ったという逸話もある。

だが、ひとたび動くと俊敏で一撃で獲物を仕留め、しかもひと呑みという、その動きがコミカルで人気を博している。飛行能力にも優れており、広げると2m近くにもなる巨大な羽を使って優雅に飛び回る。

正確な寿命は不明だが、長命で瞳の色が金色から青色に変化する。しかし、個体数は減少しており、稀少な鳥になってしまった。

ここで紹介する剥製頭部と骨格標本の頭部（P91）は、元は一体のもの。要するに表皮を剥製に、中の骨を標本にしたものだ。クチバシを見ると分かるとおり、剥製にはクチバシ表面の角質化した皮膜が付けられ、骨格標本には、その内側の骨部がむき出しになっている。このことからクチバシは基礎の骨の上に角質皮膜がかぶさったものということがわかる。

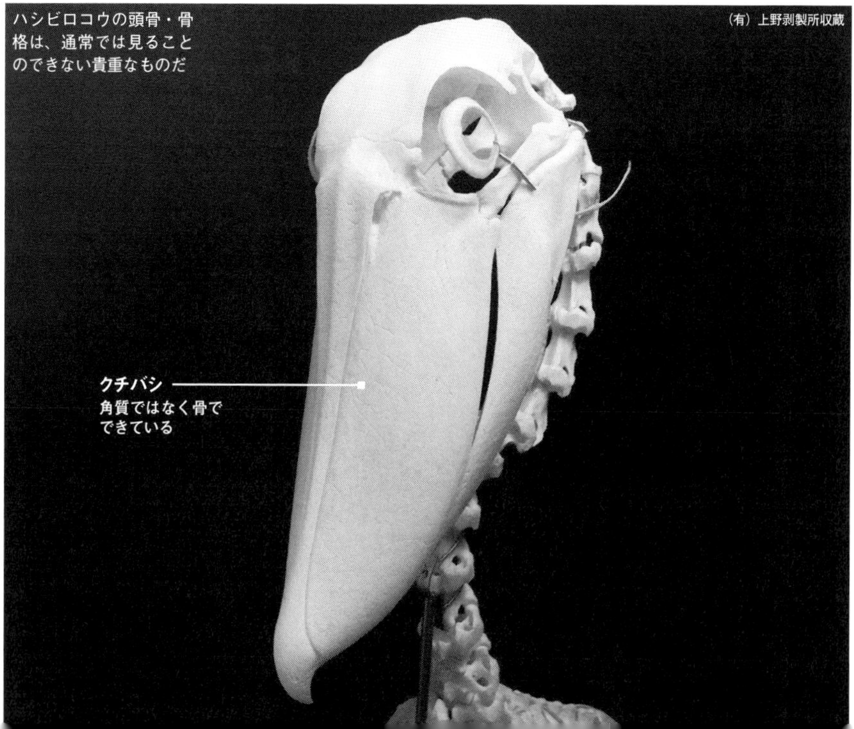

ハシビロコウの頭骨・骨格は、通常では見ることのできない貴重なものだ

（有）上野剥製所収蔵

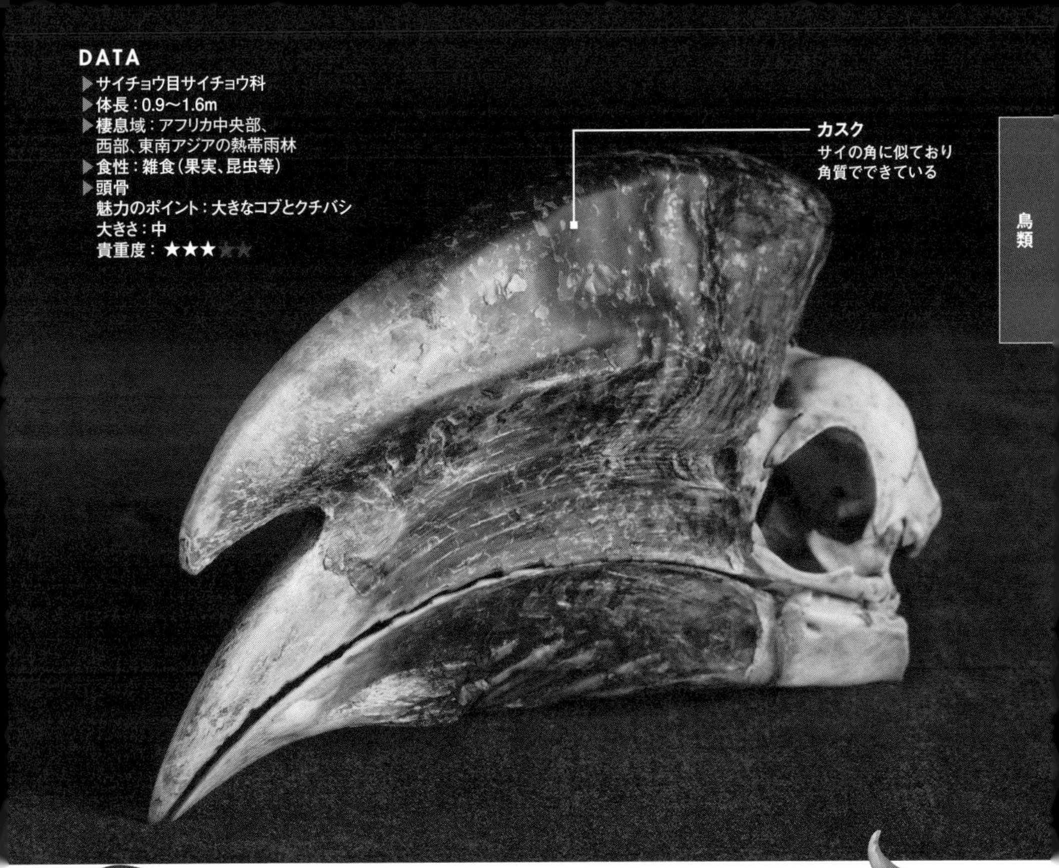
カスク
サイの角に似ており
角質でできている

DATA

- サイチョウ目サイチョウ科
- 体長：0.9〜1.6m
- 棲息域：アフリカ中央部、西部、東南アジアの熱帯雨林
- 食性：雑食（果実、昆虫等）
- 頭骨
  魅力のポイント：大きなコブとクチバシ
  大きさ：中
  貴重度：★★★★★

鳥類 サイチョウ科

Bucerotidae

コブサイチョウ
（クロコブサイチョウ）

クチバシの上のコブで個性豊かなお洒落をする鳥

大きなクチバシの上にカスクと呼ばれるコブを持つ、熱帯に棲む鳥がサイチョウだ。名前の由来は、カスクがサイの角に似ているから。カスクの大きさや形は個体や種類によって多種多様で、横に２つあるもの、シワのような筋が入っているものもいる。

今回紹介する頭骨はクロコブサイチョウのオスのものだ。全身に黒い羽根が生え尾羽の先だけが白い。クチバシもカスクも黒いが、目の周りと喉が鮮やかな青色をしているのが特徴である。クチバシは頭骨の３倍以上もあり、それと同じくらいの大きさのカスクがついている。カスクはサイのツノと同じように角質でできているが、内部は海綿質であるために見た目より軽い。ただ、それでも視界をさえぎるし、非常に邪魔な気がする。だが、立派なカスクとクチバシは、メスの気を引くため必要なのだ。

頭骨図鑑

第4章

人さえ呑み込むワニから
巨大なオサガメまで

は虫類

は虫類の世界は、恐ろしくてカッコいい。
人間さえ標的にするワニやヘビ。
巨大な獲物を捕らえることができる秘密は頭部にある。
その恐るべき仕組みを解説する。

は虫類
クロコダイル科

Crocodylus porosus

人間も捕食するワニは頭だけで1m近く

クロコダイル

　クロコダイルは、現生のは虫類の中で最大級の大きさを誇っている。オスの平均体長はなんと5m、体重は450kg。オーストラリアやインドネシアなどに分布するクロコダイル、別名イリエワニは、その名前の通り、淡水だけでなく入り江や三角州など、淡水と海水が混在している気水域《きすいいき》に棲息している。“ウミワニ”という別名もあるように、海水にも耐性が高く、海流に乗って移動し分布を広げているようだ。日本では西表島で個体が確認されたことがある。

　気性は非常に荒く攻撃的で、家畜ばかりでなく、人間を襲い、捕食することもある。

　同じクロコダイル属の仲間のなかでも、アフリカに生息するナイルワニ、南北アメリカに棲息するアメリカワニは、イリエワニと同じように巨大である。頭骨は大きいが非常に上品でもある。下あごより上あごが大きい。太く力強い迫力のあるキバがずらりと並んでいるのもよくわかるだろう。

SIDE

上あご
下あごより上あごのほうが大きい造り。フタをするように獲物を閉じ込めるためだ
歯
歯はすべて鋭いキバ状に研ぎすまされている。捕獲されると内側に曲がった歯からは逃れられない
下あご
ほお骨は張り出していない。ワニは獲物を捕らえる時に、獲物が口に入ったらバタンと上あごを閉じて捕獲するので、噛み切るような強い力は必要ないのだ

UP

DATA

- ワニ目クロコダイル科
- 体長：4〜6.5m
- 体重：350〜1075kg
- 棲息域：インド、マレー、インドネシア、フィリピン、オーストラリア北部、南北アメリカ、アフリカなど
- 食性：肉食（魚類、鳥類、ほ乳類等）
- 頭骨
  魅力のポイント：迫力のあるキバ
  大きさ：特大
  貴重度：★★★★★

DATA
▶ワニ目アリゲーター科　▶体長：3～5.8m　▶体重：227～454kg
▶棲息域：北アメリカ東南部　▶食性：肉食（小型の動物ならほぼ何でも）
▶頭骨　魅力のポイント：幅広い口吻
大きさ：特大　貴重度：★★★☆☆

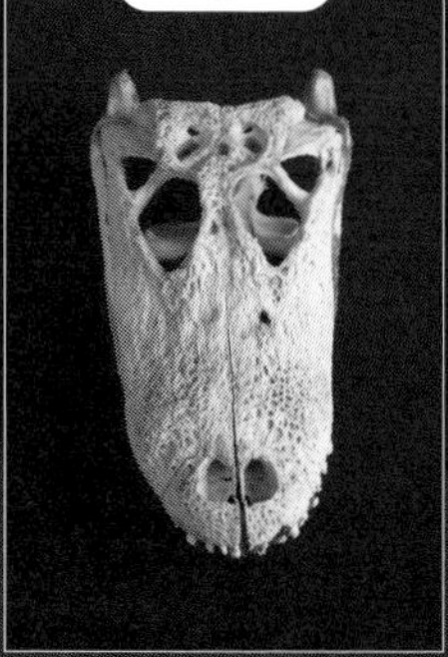
UP

神奈川県立生命の星・地球博物館収蔵　標本KPM-NFR 16

SIDE

Alligator mississippiensis

巨大だが穏やかな性格。頭骨も少し丸みを帯びる

は虫類　アリゲーター科

アリゲーター（ミシシッピワニ）

映画でも知られる恐怖の巨大ワニ。クロコダイルなどよりはひとまわり小さいが、5mを越える大きさに成長する個体もあり、アメリカ最大のは虫類といえよう。アメリカ合衆国にのみ棲息しており、特に東南部で確認されている。メキシコ湾へと流れるミシシッピ川に最も多く棲息しているため、ミシシッピワニの別名もある。

魚類やカメ、鳥、小型ほ乳類など、主に小型の動物を餌とし、外見に反して性格も温和なのが特徴だ。だが飢えている時や子育て中のメスに限っては、シカや家畜はもちろん、近寄った人間をも襲う場合がある。

その頭骨を見てみると、クロコダイルよりも口吻《こうふん》（口の先）の幅が広い。温和な性格を表すように、全体的に丸みを帯びており、口先も丸い。幅があるので、頭骨は小さくても重量感があるところも特徴である。

神奈川県立生命の星・地球博物館収蔵　標本KPM-NFR 16

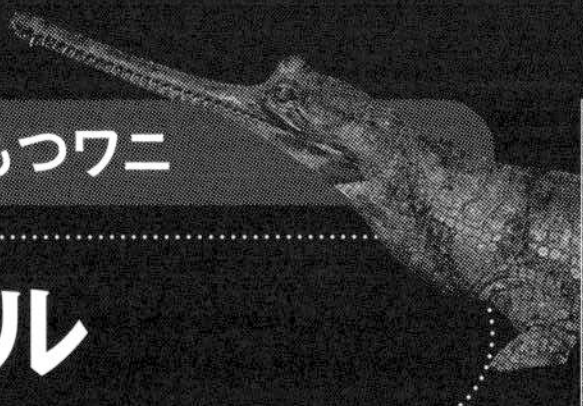

は虫類
ガビアル科

Gavialis gangeticus

魚を捕らえるのに適した細長い口をもつワニ

インドガビアル

インドガビアルはインドやネパールに棲むワニの一種だ。全長は大きなもので５ｍほどで、その最も特徴的な部分は口である。細長く伸びた口が、アリゲーターやクロコダイルと全く違い、水中での狩りのために最適化した形だ。

水の抵抗を受けにくい細長い口を水中で振り回し、魚を捕らえるのだ。魚類を主たるエサとしているが、ほかにもカエルや鳥類も食べることもあるという。

オスの口先の鼻の穴周りが、大きく瘤状になるのも特徴である。その形状が壺に似ているため､北インドで土壺を意味する“ガーラ”から、現地では“ガリアル”と呼ばれていた。その細長い口が頭骨でも見どころで、細く小さなキバが数多く生えている。

非常に水棲傾向が高く、産卵など以外では、ほぼ陸上には姿を現すことはない。

非常に特徴的な細い口と魚を捕獲することに特化したキバ

DATA

▶ワニ目ガビアル科（クロコダイル科とも）
▶体長：5.5m ▶体重：400kg
▶棲息域：インド、ネパール
マレーガビアル：マレー半島、スマトラ、ボルネオ
▶食性：肉食（魚類、カエル、鳥類等）
▶頭骨　魅力のポイント：長いくちさきと連なる歯
大きさ：大　貴重度：★★★★☆

アリゲーター（上）とインドガビアルの頭骨比較

神奈川県立生命の星・地球博物館収蔵
ガビアル標本KPM-NFR 18
アリゲーター標本KPM-NFR 16

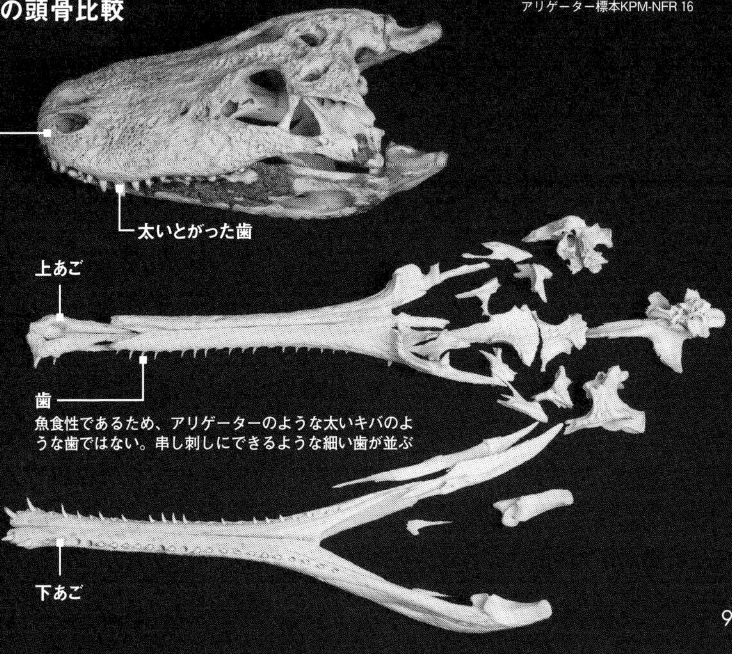
アリゲーター
太いとがった歯
上あご
歯
魚食性であるため、アリゲーターのような太いキバのような歯ではない。串し刺しにできるような細い歯が並ぶ
下あご

特殊なアゴの骨の仕組み 大きな獲物も一呑み

オオトカゲ
（ミズオオトカゲ）

は虫類マニアには人気だが 大きくて飼育は困難

ミズオオトカゲは、インドから中国南部、東南アジアの国々に生息する巨大なトカゲである。マレーオオトカゲ、サルバトールモニターと呼ばれることもある。

２m以上の巨体に育ち、身体は細く引き締まり、細かい鱗で覆われている。身体から伸びた四肢は太く、がっしりとしていて、長い指の先に鋭い爪があるのが特徴だ。その爪を使い、木に登ることもでき、動きも身体の大きさの割には敏捷である。

ミズオオトカゲ。ムチのようにしなる尾が繰り出すパンチは結構強力だ

DATA（ミズオオトカゲ）

- 有鱗目オオトカゲ科
- 体長：1.50～2.50m　▶体重：15～25kg
- 棲息域：インド、スリランカ、中国南部、フィリピン、インドネシア、シンガポール、タイ、ベトナムなど
- 食性：肉食（昆虫、甲殻類、は虫類等）
- 頭骨

魅力のポイント：恐竜の様な形態
大きさ：小　貴重度：★★★☆☆

コモドオオトカゲは牛やシカを狩るハンター。見かけによらず足もはやい

頭骨は肉食恐竜に似ている。生体で、その巨体をくねらせながら歩く姿は恐竜を思わせる。華奢な全体の造りと比べ、あごの骨は丈夫で、噛む力も決して弱くないことを示している。

は虫類の中でもミズオオトカゲが属している有鱗目は、ほお骨と方形骨とが接続されていない。そのことによって、あごの可動性が増しているのだ。

川や海などの水辺に棲息し、水中に好んで入り、泳ぐのも非常に上手だ。小型ほ乳類や鳥類のほか、魚類やカエル、カニなども食べることがあり、家畜や愛玩動物のイヌやネコ、ニワトリなども捕食することがあるという。

日本でもペットとして飼うことができるが、気性は荒く、巨大で噛みつきや尾の攻撃は強力なので注意が必要だ。棲息地では食用や皮革製品の材料ともなる。同じオオトカゲ属の仲間には、インドネシアのコモド島にいる“コモドオオトカゲ”という巨大種がいる。

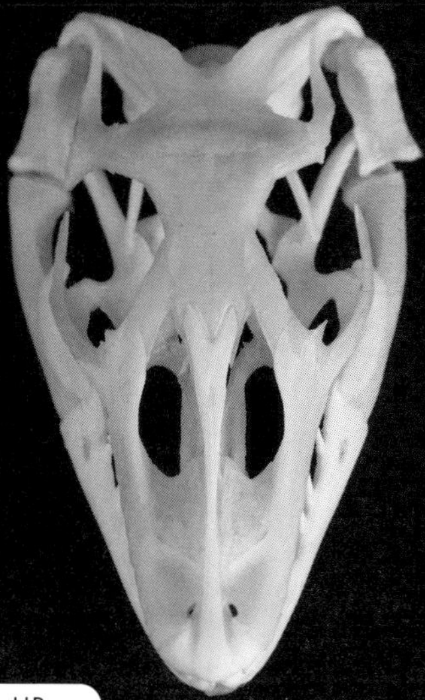

UP

FRONT

SIDE

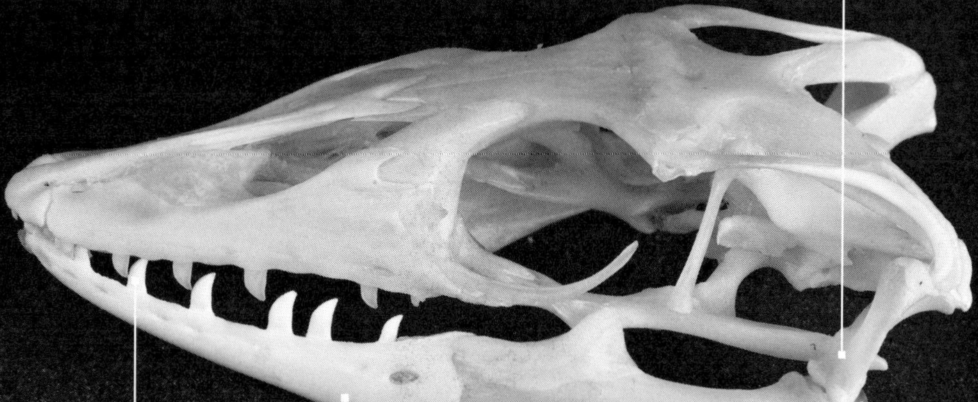
方形骨が完全に接続されておらず、自在に調整して大きなものも呑み込むことができる
歯
鋭利で鋭い
下あご
あごの骨は固くて丈夫

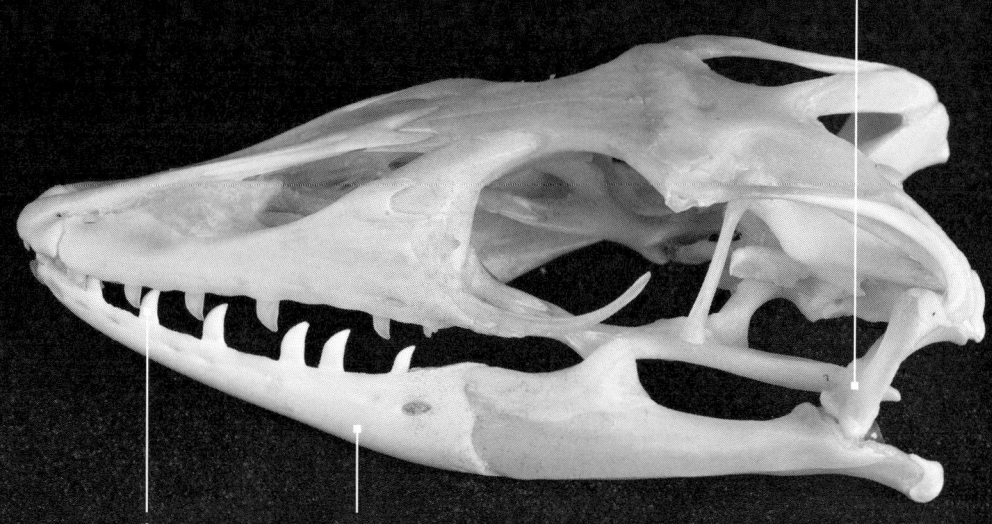

は虫類
ヘビ科

PYTHONIDAE

成長すると100kg級。ウシをも呑み込む大蛇

ニシキヘビ

ニシキヘビ属の中で最も巨大なのは、アミメニシキヘビであり、これまでに確認されているものでも最大全長は10m以上という。一般的にニシキヘビと言えば、アミメニシキヘビや、最大６ｍほどのアフリカニシキヘビ、インドニシキヘビなどをさす。

獲物に襲いかかり、その長い身体で絞め殺し、その後に丸呑みにする。獲物は長時間かけて消化するので、１週間～１カ月はなにも食べなくても平気。

口先は180度近くも開くようになっており、さらには強力な靭帯で繋がれているために、あごを外し、自分の頭よりも大きな獲物を飲み込める構造になっているのだ。歯は鋭く、すべてが内側へ倒れるように生えているのが特徴だ。そのために、一度その口で呑み込み始めれば、獲物はいくらもがいても暴れても逃れることができない。

頭骨をやや前方から見ると、大きな獲物を呑み込む仕組みがわかってくる

DATA

▶有鱗目ニシキヘビ科　▶体長：1～10m　▶体重：10～100kg
▶棲息域：アフリカ大陸、オーストラリア大陸、ユーラシア大陸南部、インドネシア、スリランカ
▶食性：肉食（は虫類、鳥類、ほ乳類等）
▶頭骨　魅力のポイント：上下に連なる鋭い歯　大きさ：中　貴重度：★★★★★

歯
内側に急角度に曲がった歯。獲物はもがけばもがくほど喉に押し込まれる
下あご
先の部分は完全に離れる。この仕組みで大きな獲物を丸呑みすることができる

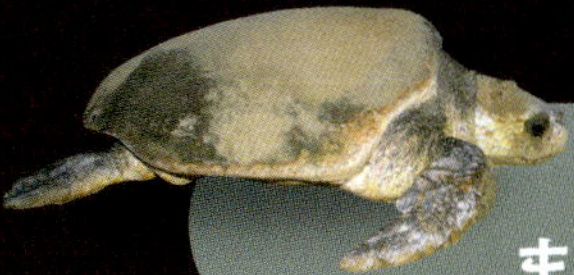

Caretta caretta.Dermochelys coriacea

稀少なウミガメの頭骨は
まるで「巨神兵」のようなカッコよさ!

ウミガメ
(アカウミガメ・オサガメ)

Caretta caretta

アカウミガメ

神奈川県立生命の星・地球博物館収蔵
アカウミガメ　頭骨KPM-NFR 86

Dermochelys coriacea

オサガメ

神奈川県立生命の星・地球博物館収蔵
オサガメ　頭骨KPM-NFR 21

人の頭骨をも上回る巨大なウミガメの頭骨

ウミガメは熱帯から温帯の海に棲息している。今回頭骨を紹介するのは、日本でも棲息しているアカウミガメと、カメの中でも最大の大きさを誇るオサガメである。

アカウミガメはその背の甲羅が赤褐色や褐色をしているため、その名がついている。雑食性で、クラゲや貝類、甲殻類などを食べる。

全世界の海に棲息しているが、開発や自然環境の悪化によりその数は減少傾向にある。ワシントン条約で保護される前は、日本でも肉と卵が食用とされていた。今は"大浜海岸のウミガメおよびその産卵地""と"御前崎のウミガメおよびその産卵地" は日本の天然記念物に指定されている。

オサガメは、現生しているカメ目の中でも最も大きい種であり、916kgという体重のものが確認されている。甲羅は柔らかく皮膚で覆われているところが特徴である。オサガメもその数は減少傾向にあり、さまざまな国で人工繁殖が試みられている。

その食性は貝類や甲殻類で、主にクラゲを食べることが知られている。オサガメの全長２ｍもある食道はクラゲを食べるのに適した形状をしている。食道に生えている棘は、クラゲを逃がさないと同時に引き裂き、消化しやすくする役割を持っているのだ。

どちらも巨大で頭が大きく、アカウミガメの英名であるloggerheadは "馬鹿でかい頭" という意味である。その頭骨も見どころは巨大さで、アカウミガメの頭骨は人間の頭と同じくらいの大きさを持ち、オサガメの頭骨はなんとオスのライオンの大きな個体ほどもあるのだ。口には歯はないが、そのくちばしは爪切りのような造りになっている。

まるでアニメ『風の谷のナウシカ』に登場する巨神兵の化石のような形状は、非常にインパクト大だ。

DATA

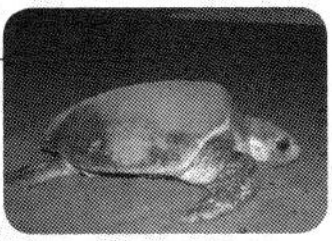

アカウミガメ

▶カメ目ウミガメ科
▶甲長：0.8〜1.2m
▶体重：70〜200kg
▶棲息域：大西洋、太平洋、インド洋、地中海
▶食性：雑食（野生はクラゲ、飼育時の餌はキャベツ等）
▶頭骨
魅力のポイント：しっかりとした頭骨
大きさ：大　貴重度：★★★☆☆

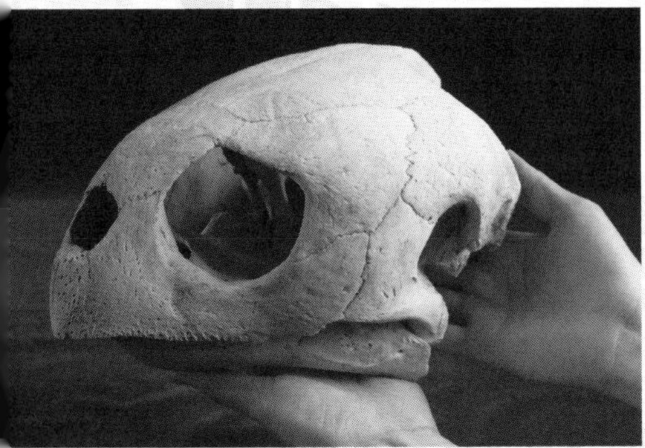

神奈川県立生命の星・地球博物館収蔵　アカウミガメ
頭骨KPM-NFR 86

DATA

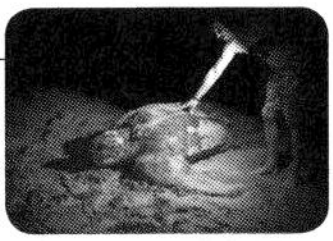

オサガメ

▶カメ目オサガメ科
▶甲長：1.2〜1.8m
▶体重：400〜900kg
▶棲息域：大西洋、太平洋、インド洋、地中海
▶食性：肉食（クラゲ、甲殻類、貝類等）
▶頭骨
魅力のポイント：巨大さ
大きさ：大　貴重度：★★★★★

神奈川県立生命の星・地球博物館収蔵
オサガメ　頭骨KPM-NFR 21

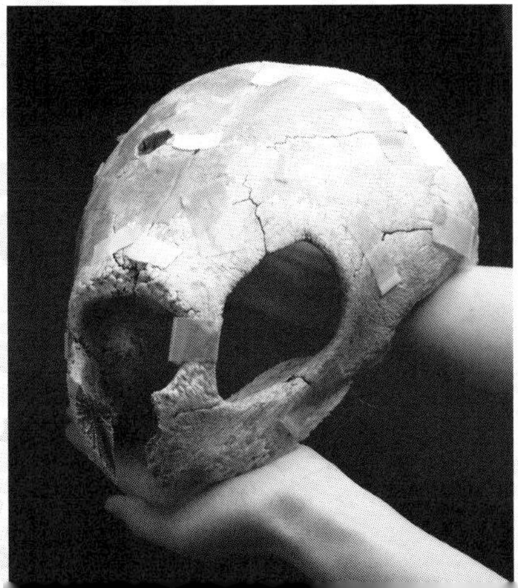

㈱上野剥製所収蔵

DATA
▶カメ目スッポン科　▶甲長：0.3〜0.5m（巨大種の最大は1.6m）
▶体重：5〜12kg（巨大種の最大は230kg）　▶棲息域：中国、台湾、韓国、日本
▶食性：肉食傾向の強い雑食（魚類、カエル、甲殻類、水草等）
▶頭骨　魅力のポイント：頑丈な造り　大きさ：小　貴重度：★☆☆☆☆

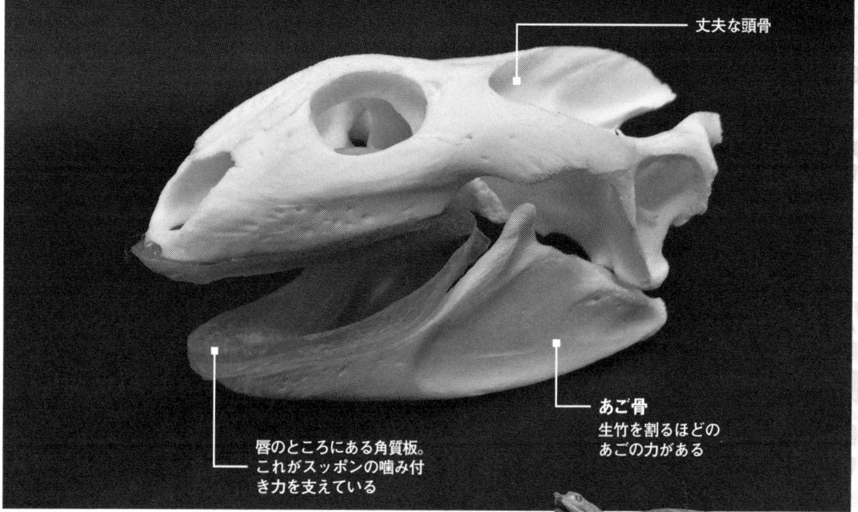
丈夫な頭骨
あご骨
生竹を割るほどのあごの力がある
唇のところにある角質板。これがスッポンの噛み付き力を支えている

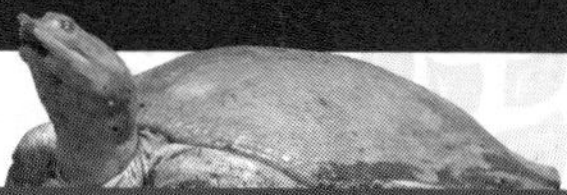

Pelodiscus sinensis

は虫類　スッポン科

下あごのフチの角質板でがっちり獲物に食いつく!

スッポン

スッポン料理といえば鍋料理が有名。甲羅、爪、ぼうこう、たんのう以外はすべて食べられることが特徴である。

頭骨を見るとわかるように、下あごの口の縁を、角質化した板のようなものがぐるりと囲んでおり、それでしっかり獲物を噛んで放さない。噛む力も強力で、生竹を砕くくらいの力はある。なお、もし噛まれたら、そっと水に戻せば放してくれる。

また甲羅が丸く柔らかいのが特徴だ。指で押すと少しへこむほどの強度で、岩の隙間などに隠れるのに適している。甲羅のふち2cmくらいはエンペラと呼ばれ、コラーゲンの固まりでぷるぷるしている。長い鼻先を水面から出して呼吸し、日光浴と産卵の時以外は基本的に水から上がらない。

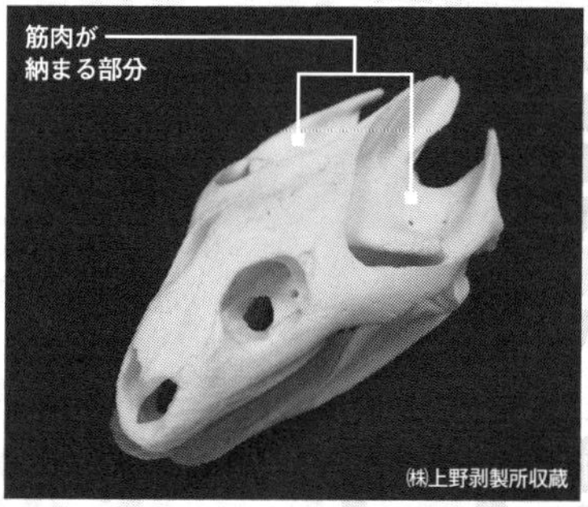
筋肉が納まる部分
㈱上野剥製所収蔵

後頭部左右に大きな空間があり、ここにあごを動かす強靭な筋肉が納まる

中国南部やタイなど、東南アジアには体重200kgに達する巨大スッポンもいる。

は虫類

カミツキガメ科

Chelydra serpentina

危険なほど姿はカッコいい!? 凶暴な怪獣的カメ

カミツキガメ

とにかく危険なカメである。大きさや見た目の派手さから近縁種のワニガメのほうが凶暴そうに見えるが、カミツキガメも負けず劣らずだ。非常に気性が荒く、動きも俊敏、そして名の通り噛みつく力は半端ではない。危険を感じると、首を大きく伸ばして噛みついてくる。ほぼ水棲傾向なため、特に地上では非常に警戒心が強くなる。

しかし、生物の、温和＝可愛い、危ない＝カッコいいの原則どおり、その姿はまさにカッコよく魅力的だ。特にワニガメは巨大な甲羅、そこから伸びた四肢は太く、指に生えた爪も凶暴さを醸し出している。尻尾も太く、まさにワニのようだ。

頭骨を見ると、その口はまるで巨大な“爪切り”。そのクチバシがそのまま鋭い刃になっている。捕食と攻撃のために口が非常に大きく開く構造になっているのもわかる。

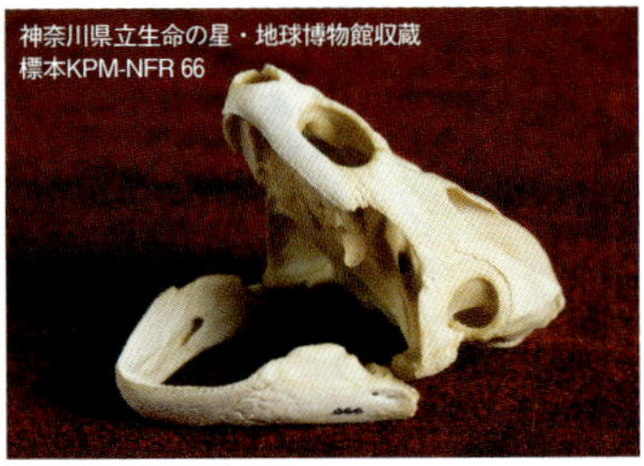

神奈川県立生命の星・地球博物館収蔵
標本KPM-NFR 66

スッポン同様、丈夫な骨格から、あごの筋力が発達していることがひと目でわかる

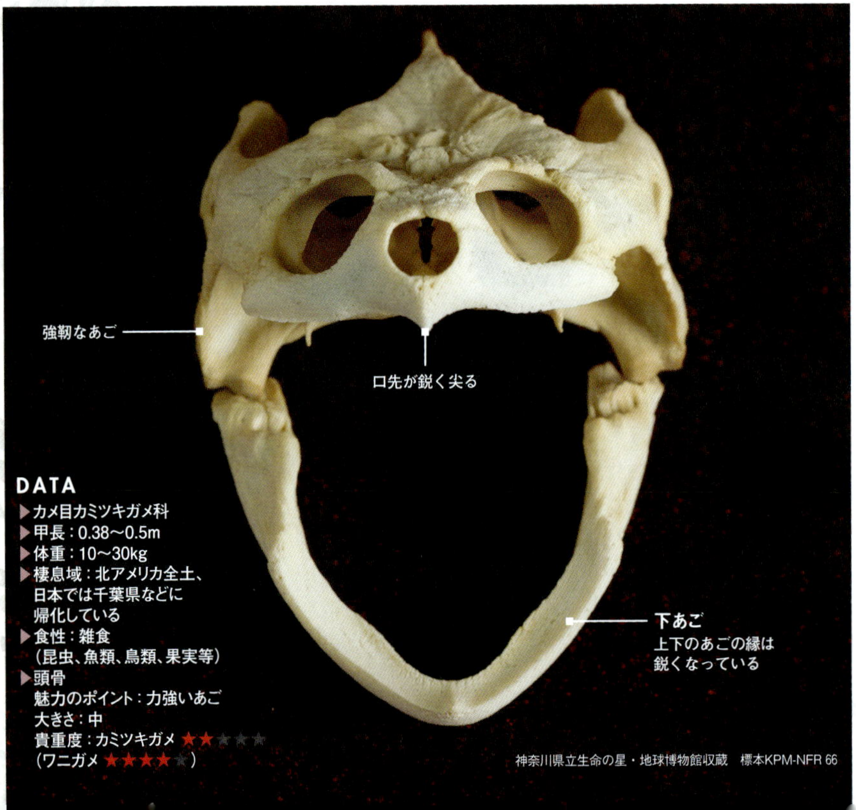
強靭なあご
口先が鋭く尖る
下あご
上下のあごの縁は
鋭くなっている

DATA

- ▶カメ目カミツキガメ科
- ▶甲長：0.38〜0.5m
- ▶体重：10〜30kg
- ▶棲息域：北アメリカ全土、日本では千葉県などに帰化している
- ▶食性：雑食（昆虫、魚類、鳥類、果実等）
- ▶頭骨
  魅力のポイント：力強いあご
  大きさ：中
  貴重度：カミツキガメ ★★☆☆☆
  （ワニガメ ★★★★☆）

神奈川県立生命の星・地球博物館収蔵　標本KPM-NFR 66

頭骨図鑑
第5章

戦慄のホホジロザメから
食卓魚ヒラメまで

魚類

ハンマーヘッドシャークから身近な魚タチウオやヒラメ、
黄金色のシイラまでさまざまな生物が海のなかで共存している。
しかし一皮剥けば、海の肉食獣の頭骨はどれも凶暴。
意外な素顔に驚かされるのだ。

Carcharodon carcharias

ホホジロザメ

『ジョーズ』でおなじみ海の最強ハンター

10kg以上の肉を一気に食いちぎるノコギリ歯

ホホジロザメは、一昔前まで8mもの個体がいるのではと思われてきたが、現在ではメス６m、オス5.5mが最大ということに落ち着いた。一部の有名な図鑑でも最大体長12mと記されていた。そんな記述がまかり通るほど、ホホジロザメは巨大だと信じられていた。映画『ジョーズ』でも、海面に巨大な頭と口を見せ、人間や船に襲いかかるシーンが有名である。ホホジロザメはそのイメージが焼き付いているためか“巨大”な存在にしたいという願望が強かったのだろう。また絶滅したメガロドンと混同している部分もある。

メガロドンは約150万年前まで棲息していた種で、ある時まではホホジロザメと近縁種だと思われていた。そのため和名は現在も、ムカシオオホホジロザメという。その歯はホホジロザメと非常に似ているが大きさは約10倍ほどもあり、その歯長は13～20㎝といわれている。

ホホジロザメはオスに比べメスは大型だが、歯の形状、大きさはやはりオスのほうがずっとカッコいい。正三角形に近い歯は非常に鋭利で、長さは最大７㎝ほど、縁がノコギリ状になっているのが特徴だ。それは、皮や肉を食いちぎるのに適したものであり、獲物から10kg以上の肉を一気に食いちぎることができる。歯は幾重にも並び、抜け落ちても後ろの歯がせり出し、何度も生え替わる。これはサメ類の特徴であるが、１尾が一生に使う歯は数千本にものぼるといわれている。

最大６mとされるようになったとはいえ、この広大な海にはそれを超す未発見の個体も存在しているだろう。アオザメの６mとは違い、丸太のような体型のホホジロザメの体重は同体長でも実に１ｔほど。どれほど巨大なホホジロザメが存在するのか……それは海のロマンである。

あご全体に鋭い歯がびっしり連なる
神奈川県生命の星・地球博物館蔵　顎　KPM-NI 16374

（左）やや小型のホホジロザメの歯（丸内）とメガロドンの歯（化石）の比較。大きさの違いが歴然としている（右）メガロドンの歯1本の大きさは人間の手より大きい

メガロドンの歯比較

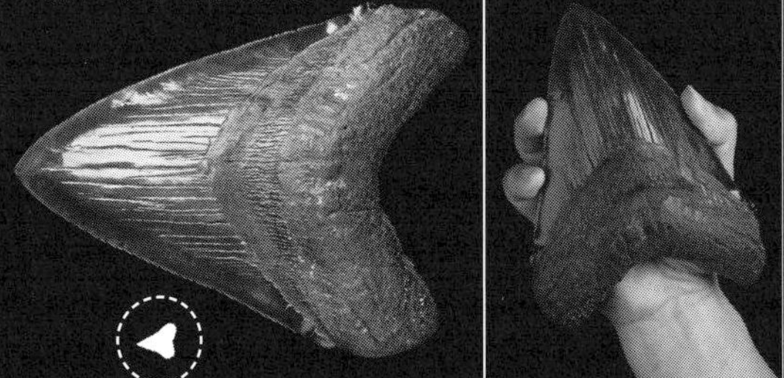

DATA

- ▶ネズミザメ目ネズミザメ科
- ▶体長：4〜6m
- ▶体重：500〜1000kg
- ▶棲息域：
  全世界の亜熱帯から亜寒帯
- ▶食性：肉食
  （クジラ、アザラシ、エイ、海鳥等）
- ▶頭骨
  魅力のポイント：巨大なあごと歯
  大きさ：特大
  貴重度：★★★★☆

魚類
ネズミザメ科

Isurus oxyrinchus

アオザメ

人間の大人も飲み込むほどの巨大なあごに並ぶ鋭い牙！

洗練された姿は サメ界の“貴公子”

成魚の体長が平均３m以上と大きいが、マグロなど高速で遊泳する魚と同じように流線型でシャープな身体を持つアオザメ。サメの中で最も速い18ノットで泳ぎ、時には海面から自らの体長の倍ほどもジャンプすることがあるという。アオザメという和名は、もちろんその体色からきている。背のメタリックがかった青色と、腹の白色が目にも鮮やかである。

三日月のような形尾びれも特徴で、学名の“Isurus oxyrinchus”のIsurusは、ギリシア語で上下の長さが等しい尾という意味だ。なお、oxyrinchusは鋭い（oxy）吻《ふん》（rinchus）というギリシア語であり、とがった鼻先を表している。

頭骨もカッコいい姿そのままで、かなりのイケメンだ。大きなあごには鋭い歯、大きく丸い眼窩、１本角のようにとがった鼻先の骨と、まるでアニメに登場するロボットの頭のようにも見える。歯は非常にシャープで鋭く、内側に湾曲して生えている。サメの歯の最たる特徴である、幾重にも連なる様もカッコいい。

そんな“海のイケメン”アオザメだが、人間との関わりは深く、マグロやカジキといっしょに流し網漁などで捕獲される。さらに鰭はフカヒレになり、脊椎骨は薬品や食品に、皮は革製品に、肝油も健康食品にと全身無駄なく利用されている。

2013年６月、「アメリカ・カリフォルニア沖で記録的な巨大アオザメ捕獲」と世界的ニュースになったが、体長約３・６m、体重600kgと重さはあるが体長はそれほどではなかった。おそらくクジラの死肉を"タラ腹"食べた直後の様だ。「世界クワガタムシ博物館」所蔵のアオザメのあごは、その大きさから推定される体長は約５m以上。このあごを持っていた個体を超すアオザメの記録はないと思われる。

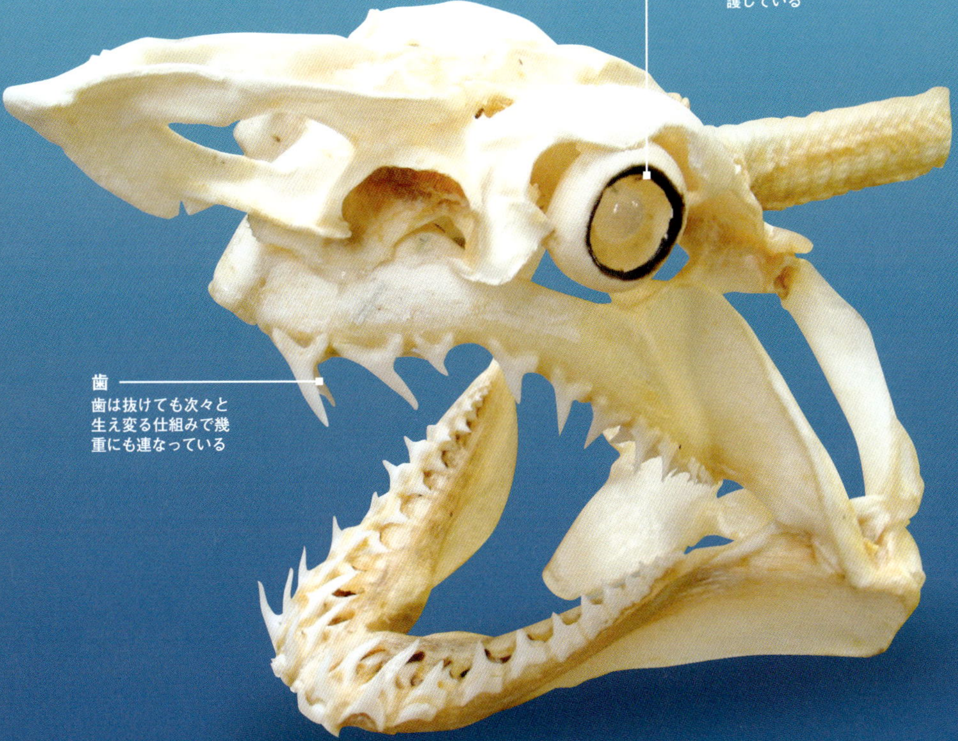
サメの全身の骨は軟骨だが、唯一目の骨だけが堅く目を保護している
歯
歯は抜けても次々と生え変る仕組みで幾重にも連なっている

さわらないで
クワガタムシ

大人もくぐり抜けられるほど巨大なアオザメのあご

DATA

- ネズミザメ目ネズミザメ科
- 体長：3.2〜5.5m
- 体重：200〜500kg
- 棲息域：全世界の熱帯から温帯外洋性
- 食性：肉食（魚）
- 頭骨
  魅力のポイント：するどい歯
  大きさ：大〜特大
  貴重度：★★★☆☆

Sphyrnidae

シュモクザメ

頭骨の形まで「ハンマーヘッド」
実は感覚器官がつまった優秀な頭

英名は姿のままの名前 ハンマーヘッドシャーク

サメだけでなく、魚類の中でも最も独特な頭部を持っているのがシュモクザメだ。“シュモクザメ”の名前は、その頭部が鐘などを打ち鳴らす撞木《しゅもく》に似ているためについたものだ。英名の“ハンマーヘッドシャーク”は、ハンマーヘッド＝金槌に似ているため。どうして頭部がこんな形状になったのか、またこのような形状になる必要があったのか、非常に不思議だ。

サメは優秀な感覚器官を持っている事で有名だが、その中でも特にシュモクザメの頭部には優れた機能やセンサーがつまっている。まず捕食時に傷つけられないため、目が厚い瞬膜で閉じられるようになっている。そして目はハンマーの先端にあるので口から離れており、捕食する獲物に傷つけられることを防いでいる。

加えて、視界を広げ、人間同様に立体視が出来るようになっている。

ハンマー部には、匂いによって餌の居所を感知するサメにとって重要な鼻孔があるほか、サメ特有の感覚器官ロレンチーニ器官もここにある。これは微量な電磁波を感知することで、生き物の動きを察知する感覚器官である。シュモクザメはほかのサメと比べても、ロレンチーニ器官が発達している。

このように感覚器官のつまったスグレモノの頭部だが、水の抵抗が大きそうで一見速く泳ぐには不利に見える。だが実は鋭く水を切ることができ、力学的に理に適った形状になっている。いわば飛行機の翼と同じような造りとなっているのだ。しかも頭骨もハンマーそのままで非常におもしろい形をしている。もし海岸にシュモクザメの頭骨が落ちていても、一見何だかわからないだろう。

DATA
▶メジロザメ目シュモクザメ科　▶体長：1.8〜4.3m　▶体重：80〜250kg
▶棲息域：熱帯から温帯の沿岸域　▶食性：肉食（魚、甲殻類等）
▶頭骨　魅力のポイント：左右に張り出す頭骨　大きさ：大　貴重度：★★★☆☆

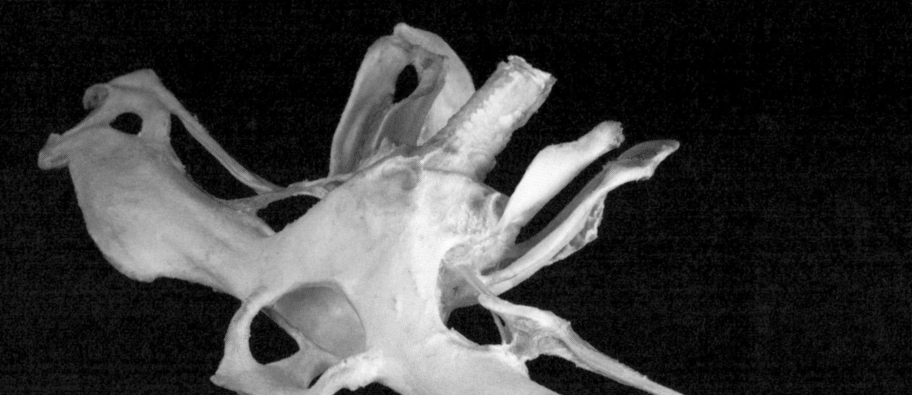

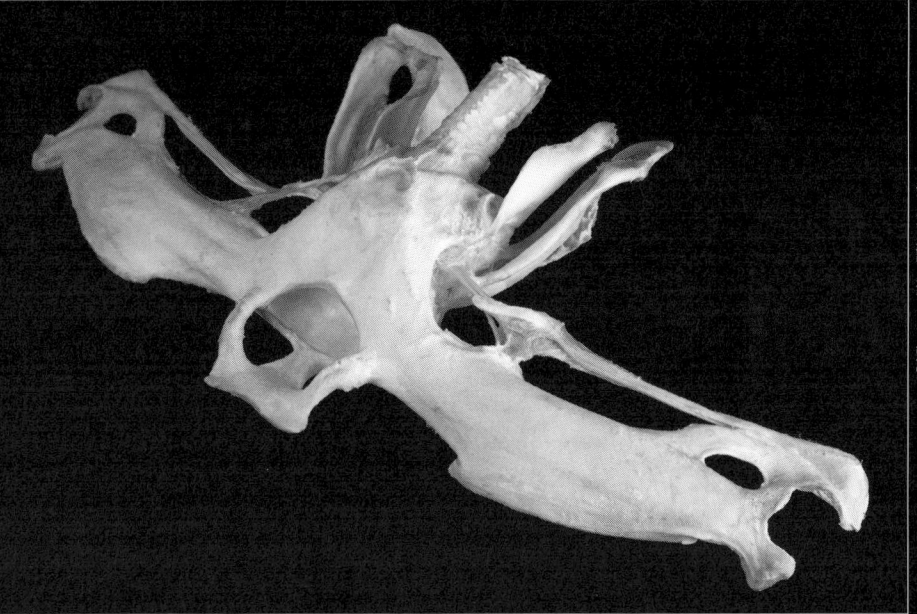

一見サメとはわからない全く不思議な形をした頭骨

魚類
ノコギリエイ科

Pristis pectinata

ノコギリエイ

まるで怪獣のような驚くべき姿！
大ノコギリで餌となる魚を襲う

巨体の先に“ノコギリ”もの凄い進化を遂げた魚

ノコギリエイは頭に巨大なノコギリのような吻（口先の部分）を持っている。英名はソーフィッシュ。ノコギリ魚という意味だ。ノコギリザメとは全く違う種である。ノコギリエイの口の歯はほぼ同じ大きさで抜けても生え替わらない。また、平均して吻は１m程度、大きなものは体長1.3mにもなる。

以前、スマトラ島の入り江で20人ほどの男性が大騒ぎでノコギリエイを捕獲しているのを見たことがある。体長が大きすぎて、結局、用意したトラックには積めず、浜で解体していたほどだ。その印象は魚という感じではなく、“怪獣”のようなイメージであった。

巨大なノコギリを振りかざし獲物に致命傷を負わせ、その後でゆっくり捕食する。泳いでいてこんな怪物に襲われたら人間などひとたまりもない。実は沖縄では、まれに巨大な個体が捕獲される。

ノコギリの吻先の歯は１つが大人の小指くらいの大きさ

吻先の歯
非常にかたく
先端に鋭利に
とがっている

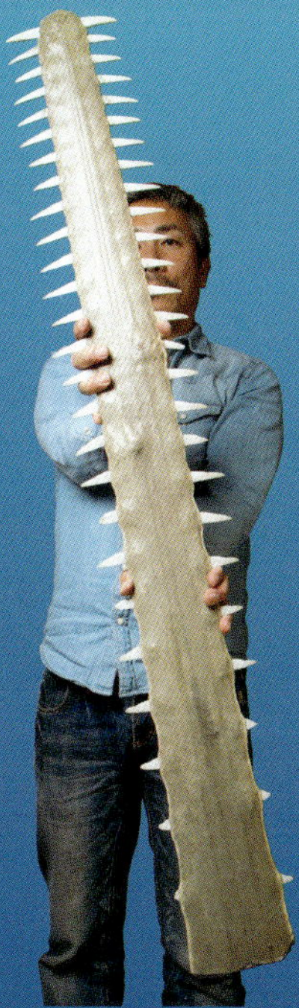

「虫研」に保管されている最大クラスの吻

沖縄県恩納村の「ホテルみゆきビーチ」のロビーに飾られた巨大ノコギリエイの剥製。
1975年に捕獲されたもの（写真提供／ホテルみゆきビーチ）

DATA

▶ノコギリエイ目ノコギリエイ科　▶体長：1.5～7m　▶体重：20～500kg
▶棲息域：世界の暖かい海の河口沿岸　▶食性：肉食（甲殻類、魚等）
▶頭骨　魅力のポイント：ノコギリのような吻　大きさ：特大　貴重度：★★★★☆

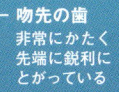

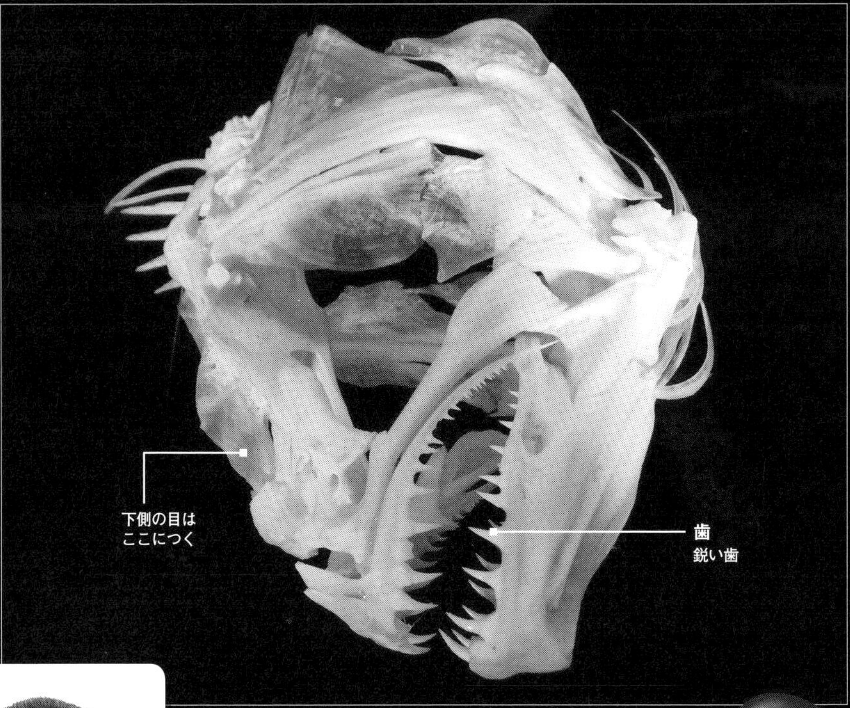

魚類
ヒラメ科

Paralichthys olivaceus

ヒラメ

普通の魚が寝そべっているだけ!? 頭骨を見るとわかる意外な“秘密”

ヒラメは海底の砂地に潜み獲物を捕える。これらの海底の砂に隠れる魚の仲間は、だいたい身体が潰れたように平たくなるが、ヒラメとカレイの場合は少し違う。頭骨を見ると、その秘密がよく解る。

“秘密”とは、実はヒラメの場合は他の普通の魚と基本的な骨の構造が同じであるということだ。つまり、骨そのものが変形しているのではなく、ただ横に寝そべっただけなのである。要するに他の砂に隠れる魚のように、潰れたように身体を平たくするよりは、寝そべったほうがてっとり早いと考えたのだろう。

ただ、寝そべると片方の目が体の下になって見えなくなってしまう。そこで目だけを上に移動させたのだ。骨を観察すると、本来、片方の眼が入るべき眼窩に二つの眼が収まっていることがわかる。

DATA

- カレイ目ヒラメ科
- 体長：1m　▶体重：10kg
- 棲息域：太平洋西部
- 食性：肉食（小魚、甲殻類、貝類等）
- 頭骨
  魅力のポイント：鋭い歯　大きさ：中
  貴重度：★★★★★

Anguilla marmorata

オオウナギ

日本国内でも見られる!? アナコンダサイズの巨大ウナギ

オオウナギは最大で全長２m、体重20kg。胴の太さは大人の太ももほどあり、アナコンダやニシキヘビに相当するサイズだ。口には小さい歯がびっしりと生えていて、噛み付いたらくるりと回転し獲物を噛みちぎる。この歯からは決して逃れることはできない。

日本では南の島の川で普通に見ることができる。「沖縄に毎年旅行に行くが、そんな大きなウナギは見たことがない」という人は、夜の川を観察しよう。

オオウナギとウナギは同属別種である。オオウナギはウナギよりも熱帯性が強く、胴回りが丸太のように太い。また体色もウナギは黒っぽく、オオウナギはグレーにまだら模様がある。台湾で食用にされたり、徳島県で薬とされていたが、ウナギより味は落ちる。

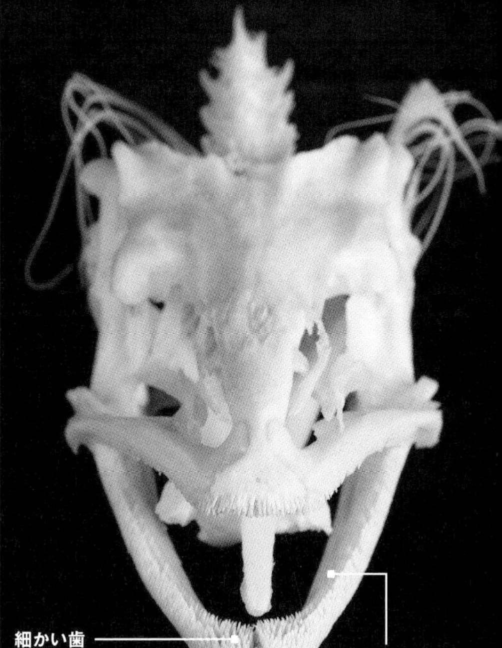
細かい歯
カエルのように柔らかいものもカニのように硬いもの、様々な獲物を逃さないように進化した歯
口の形を見てもヘビそのものだ

DATA

▶ウナギ目ウナギ科　▶体長：1〜1.8m　▶体重：2〜20kg
▶棲息域：太平洋とインド洋の熱帯、亜熱帯域、日本では関東以南、特に九州以南〜南西諸島の河川
▶食性：肉食（カニ、小魚、カエル等）
▶頭骨　魅力のポイント：ヘビのような頭骨　大きさ：小
貴重度：★☆☆☆☆

横から見ても魚というよりはヘビ。こまかい歯が剣山のように連なる

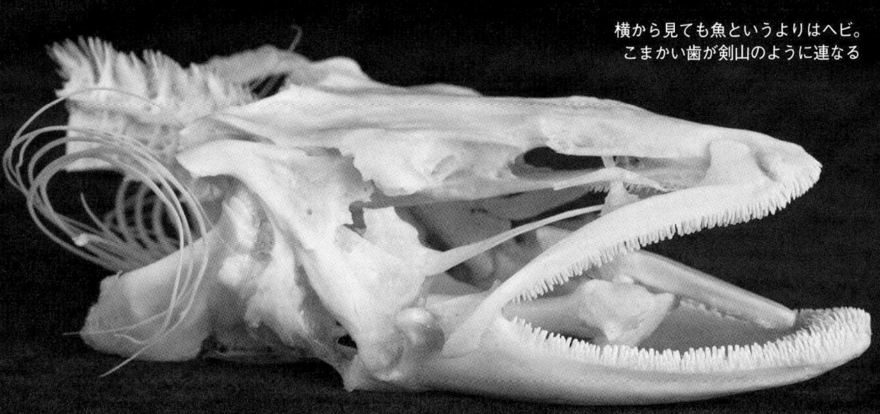

Fistularia

ヤガラ

とても魚には見えない細長い頭の超個性派

口先が長く突き出た顔は、タツノオトシゴに似ている。最大で２m近くなる体は、頭部が体の約３分の１を占める。しかも獲物を捕える時には、さらに口先が突出する。骨の仕組みを見るとわかるが、口にスライダーのような機構が備えられ、獲物を吸い込むように捕食するのだ。

特に、南方の海に分布する“アカヤガラ”は体色が薄オレンジ色で美しい。その身は高級食材として市場に出回るほか、口先は漢方薬にもなる。一方、アオヤガラは味が劣るのであまり食べられない。

名の由来は、ラテン語でパイプを意味する単語から。サンゴ礁や岩礁などの浅い海で暮らし、小魚やサンゴに潜む生物を捕食する。ウロコがなく、二叉に分かれた尾びれの中央からは、２本のヒレを支える線状の組織が長く伸びている。

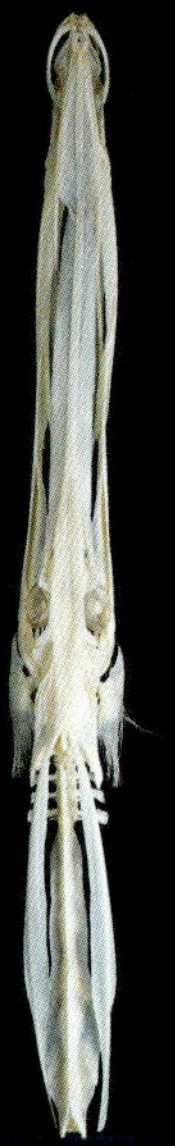

真上から見ると非常に口先が長いのがよくわかる

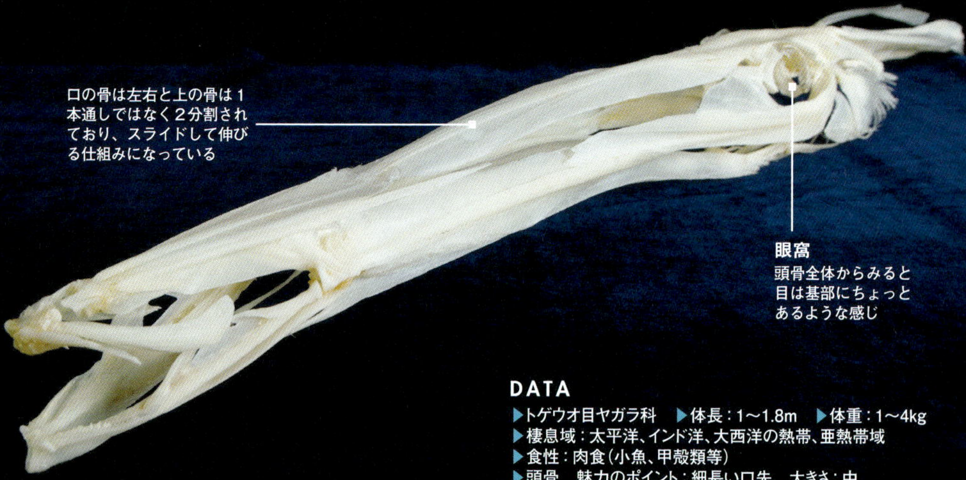

口の骨は左右と上の骨は１本通しではなく２分割されており、スライドして伸びる仕組みになっている

眼窩
頭骨全体からみると目は基部にちょっとあるような感じ

DATA

▶トゲウオ目ヤガラ科　▶体長：1～1.8m　▶体重：1～4kg
▶棲息域：太平洋、インド洋、大西洋の熱帯、亜熱帯域
▶食性：肉食（小魚、甲殻類等）
▶頭骨　魅力のポイント：細長い口先　大きさ：中
貴重度：★★☆☆☆

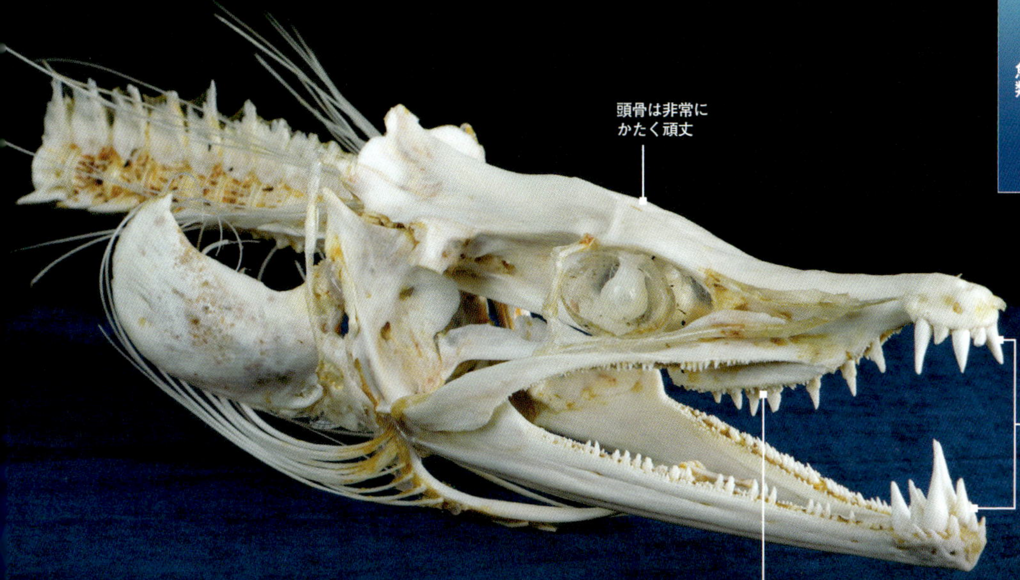
頭骨は非常に
かたく頑丈
上あごの中心には鋭い歯が連
なっており他の魚には見られ
ない珍しい造り。咥えた獲物
は逃がさない仕組みだ
前歯
大きく鋭いキバが
複数ある

魚類
ハモ科

Muraenesox cinereus

ハモ

まるでドラゴン！
美味しい魚の頭骨は意外な姿

DATA

- ▶ウナギ目ハモ科
- ▶体長：1～2.1m
- ▶体重：0.6～20kg
- ▶棲息域：西太平洋とインド洋の熱帯、亜熱帯域。日本では本州中部以南
- ▶食性：肉食（小魚、甲殻類等）
- ▶頭骨
  - 魅力のポイント：龍のような顔立ち
  - 大きさ：中
  - 貴重度：★☆☆☆☆
  - 2m以上 ★★★★☆

巨体の先に鋭いキバ
ジャッカルの様な海のハンター

2mオーバーのギネス級ハモ

関西地方ではお馴染の美味しい魚。普通はウナギ程の大きさで、小骨が多く、細かく包丁を入れて骨切りをしてから食すことで知られている。しかし、稀に“骨切り”ができず、とても料理にならないようなハモがいる。ここで紹介する頭骨の主は、そんな骨切りができない、ギネス級の大きさのハモである。

体長２m10㎝、体重20kgオーバー。平均的な人間の身長を大きく超えた、まず前代未聞の大きさで、あり得ないスケールだ。

頭骨は魚というより、むしろ“龍”のように見える。眼の後ろあたりまで大きく裂けた口の中には、細かく鋭い歯が並んでいる。上あごと下あごの先にひときわ目立つ大きな歯があり、この歯で獲物に噛み付いて捕食するのだ。

粘液には毒があり、小骨が多く調理しにくい魚だったため、意外なことに昔はほとんど食されることはなかった。しかし特に京料理には欠かせない食材で、刺身、天ぷら、照り焼きなど様々な料理に用いられていることはご存知の通り。夏によく食べられる魚で、体長１mほどのものが味がよいとされている。

ハモという名前の由来は中国語の「海鰻（ハイマン）」からとも、日本語の「食む（はむ）」もしくは、「歯魚（ハモ）」からとも言われている。

噛み付かれるとかなり危険であり、その上食べにくいため、釣り人たちにはあまり好まれない魚である。

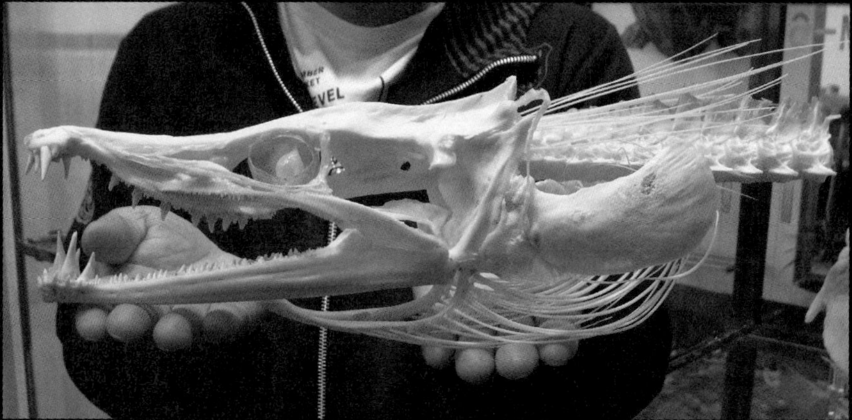
ウナギのようなものと侮るなかれ。ギネス級のハモの頭部は巨大

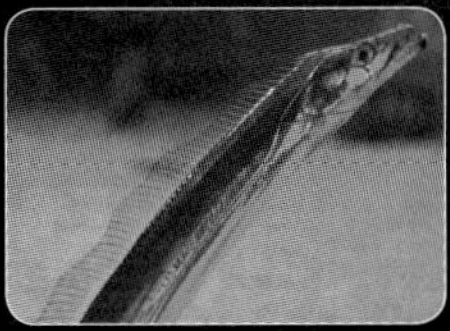

Trichiurus lepturus

タチウオ

体だけでなく歯もまるで刃物のよう

焼き魚にすると美味しい“タチウオ”。鮮魚店ではまるまる一本を見かけることがあるが、スーパーで見られるのは切り身の姿で、頭をよく見る機会は少ない。

迫力のある頭骨だ。力強いあごと鋭い歯を見たら、手にするのは“切り身”で良かったと思う。釣り魚としても人気で、噛まれて血だらけになる釣り人も少なくない。

体は全体的に平たく長く、タチウオの幅の大きさには「指〇本」など独特の表現が使われる。体色はやや青味がかった白銀。体表はウロコがない代わりに銀色に輝くグアニン質の層で覆われているが、このグアニン層は指で触れただけですぐに落ちてしまう。生きている間は、この層がいつ落ちてもいいように常に新しいものを生成し続けて体を保護しているが、それが完全に剥がれると死んでしまう。

DATA

▶スズキ目タチウオ科
▶体長：0.8〜1.6m ▶体重：1〜5kg
▶棲息域：世界中の熱帯から温帯域
▶食性：肉食（小魚、イカ等）
▶頭骨
魅力のポイント：鋭い歯 大きさ：小
貴重度：★★★★★

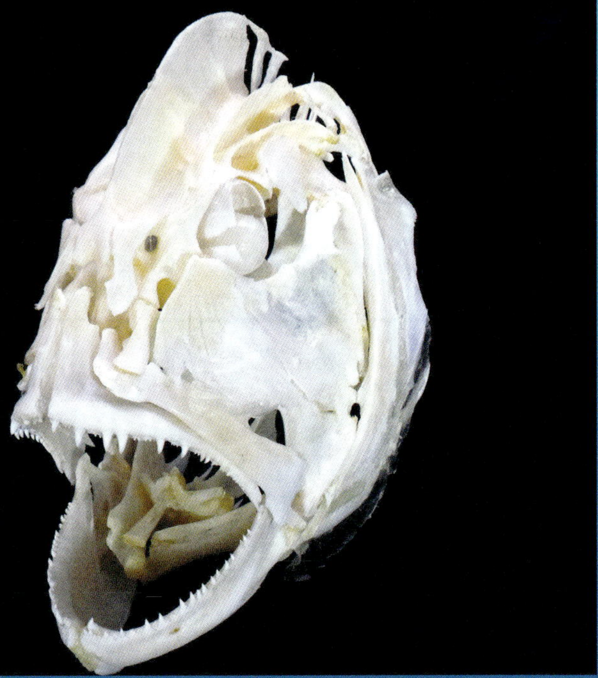

DATA

- スズキ目アジ科
- 体長：1～1.6m
- 体重：20～60kg
- 棲息域：南日本、インド太平洋の熱帯、亜熱帯域
- 食性：肉食（小魚、甲殻類等）
- 頭骨
  魅力のポイント：大きなこと
  大きさ：大
  貴重度：★★☆☆☆

Caranx ignobilis

魚類　ロウニンアジ科

ロウニンアジ

アジのイメージを覆す精悍で巨大な魚

「想像を絶する巨大なアジ」と聞いてもあまりピンとこないのではないだろうか。

だが、大きな個体は体重50kgを超し、畳1畳近くにもなると聞けば、その巨大さがイメージできるだろう。口も大きくキバも鋭いため、いかつい顔つきに見える。頭、身体は幅広いがうすい。頭骨はカッコよく、特に口元から覗く歯は、こいつに噛まれたら大変だと思わせる形をしている。

「浪人鯵（ロウニンアジ）」という名前は、素浪人のように決まった棲息場所がなく自由に回遊するため、との説や、眼とエラぶたの間に切り傷のような筋があるのがまるで浪人のようだから、ともいわれている。

小型の個体は群れを作るが、1m近い大きな個体は単独で見られる。パラオのペリリュー島は大群が見られることで有名。ルアーでの大物釣りでも有名な魚で、特大のルアーに猛然と突進してくる。

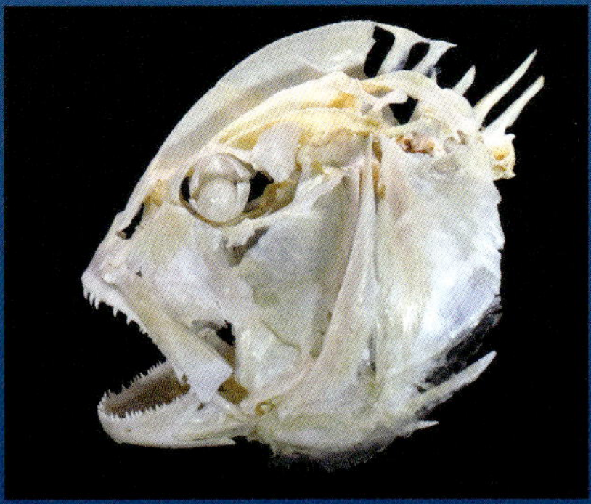

Anarhichas orientalis

オオカミウオ

陸棲肉食獣にも通じる頑丈な顎を持つ海の狼

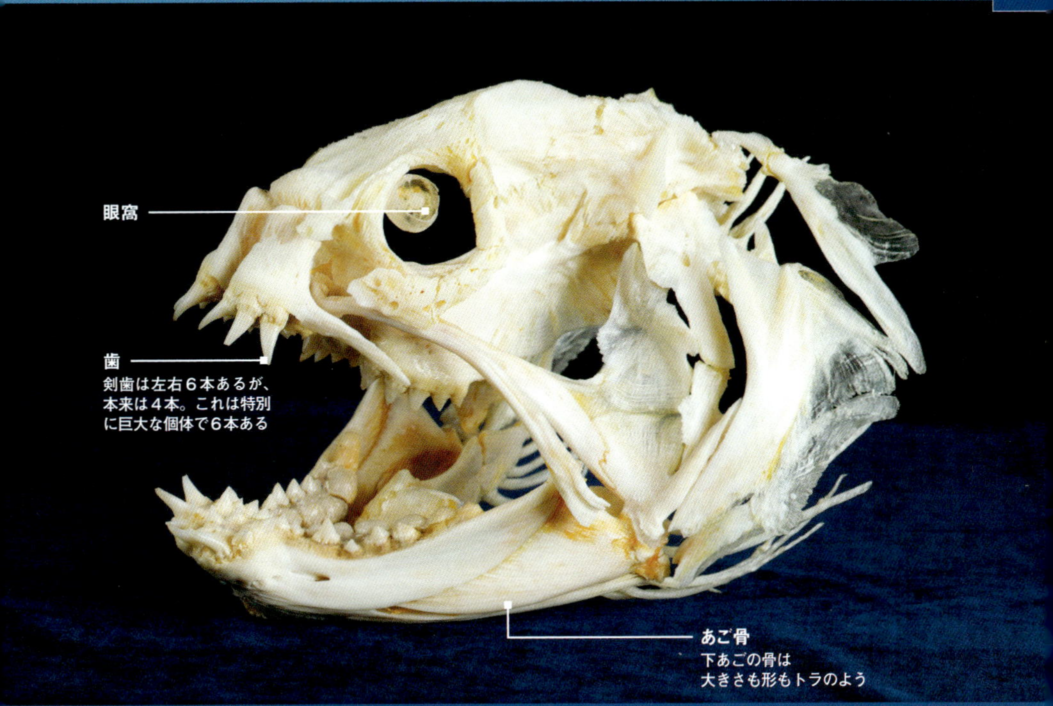
眼窩
歯
剣歯は左右６本あるが、本来は４本。これは特別に巨大な個体で６本ある
あご骨
下あごの骨は
大きさも形もトラのよう

　オオカミウオは全長１mほどで、身体の色は黒色や暗青色など。大きな口に並んでいる鋭い歯が特徴のひとつだ。だが、恐ろしい見た目に反して性質はおとなしく、昼間は岩場に潜み、夜になると活動を始める。貝類や甲殻類などを主食とし、非常に硬いホタテの殻を、まるで、せんべいのようにバリバリと噛み砕いてしまう。上あごから生えた大きな４本の剣歯はインパクトが大きい。下あご前部にも大きな６本の剣歯が生えている。頭骨はそれほど貴重ではないが、上下10本のキバが迫力があり人気だ。

DATA

- スズキ目オオカミウオ科
- 体長：0.7〜1.3m　▶体重：3〜12 kg
- 棲息域：東北北部沿岸、オホーツク海、ベーリング海
- 食性：肉食（カニ、貝類等を殻ごと噛み砕く）
- 頭骨
  魅力のポイント：トラのような造りの頭骨　大きさ：大
  貴重度：★★★☆☆（巨大6牙個体★★★★☆）

　あごの筋肉が大きく、それを支えるあごの骨も頑丈だが、その代わりに頭蓋骨が幅が狭いという特徴がある。つまり、ハイエナと同じような頭骨の造りしているのだ。あごの筋肉は頭頂部から後頭頂部に付いており、これもまさに肉食獣と同じ。

Scombrops boops

クロムツ

魚類
ムツ科

数少ない「本当のムツ」の一種。巨大な目玉や背びれが特徴

ムツ科の魚は背びれが2基あり、離れて付いているのが特徴である。クロムツの体色は紫がかった黒褐色、ムツの体色は金紫褐色なので、そこで見分けることができる。またほかの見分け方としては、側線の上に並ぶウロコの数が58枚以下なのがムツ、60枚以上がクロムツである。「ムツ」と呼ばれる魚はほかにもアカムツやシロムツなどがいるが、ムツ科の魚はムツとクロムツのみである。

大きさが１mにもなるとその頭骨も巨大で、両手で持っても少し余るくらいである。眼球は芯のみでも大きなあめ玉くらいあり、その巨大さがうかがえる。

産卵期は12～３月頃で、成魚になるまでに３年かかるといわれている。成長に伴い浅瀬から深海に移り、成魚になると水深200～700mの岩礁帯に棲む。

DATA

▶スズキ目ムツ科
▶体長：0.5～1m　▶体重：1.5～15kg
▶棲息域：北海道南部以南、本州中部、太平洋岸
▶食性：肉食（魚類、甲殻類、イカ類等）
▶頭骨
魅力のポイント：連なる歯と大きな目　大きさ：大
貴重度：★★★★★

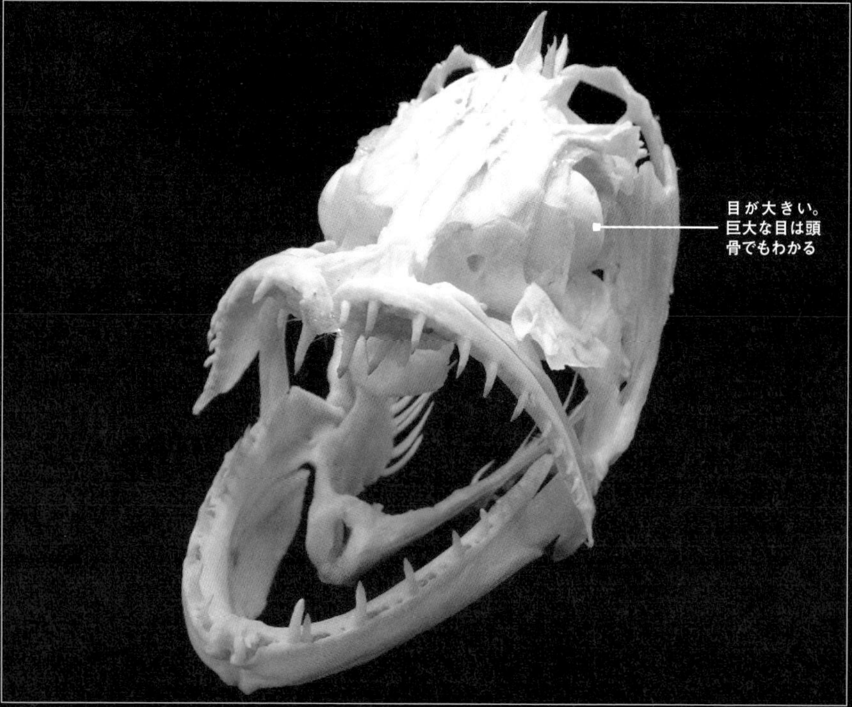
目が大きい。
巨大な目は頭骨でもわかる

魚類
イシナギ科

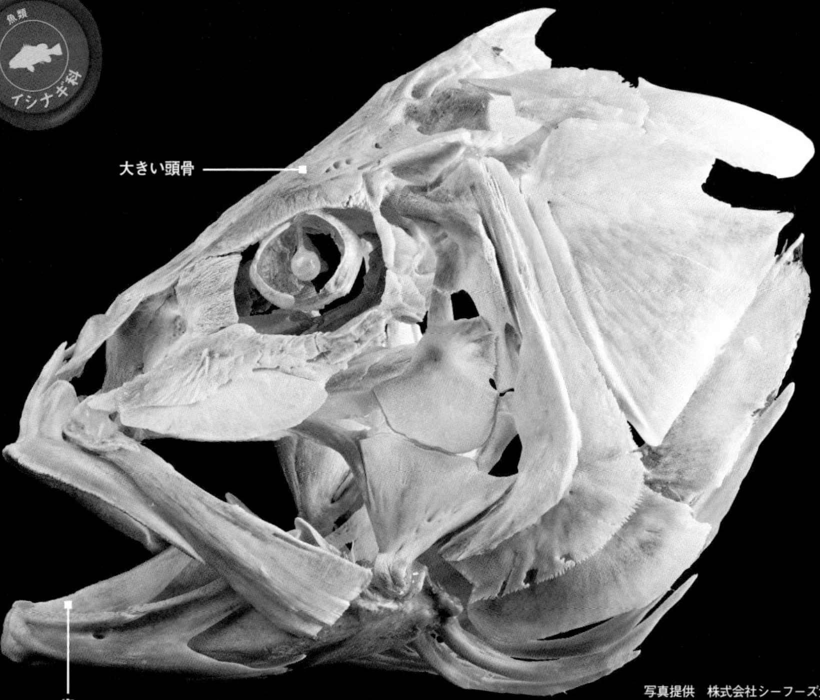
大きい頭骨
歯
鋭い歯はないが、やすり状の細かい歯が密集している

写真提供　株式会社シーフーズ大谷

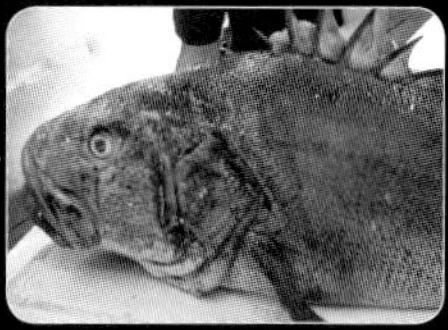

Stereolepis doederleini

イシナギ

ライオンを思わせる巨大な頭。日本近海にいる100kg級の大物

日本でイシナギというと一般的には日本近海に棲息しているオオクチイシナギのことをいう。その巨大さが特徴で、大きな物では体長1.8mにも達するという。

深さ400 ～ 500mの海底に棲んでおり、釣りでいう「底物」だ。底物には巨大な魚が多いが、その中でもイシナギは最もゴツイ骨格をしている。その頭骨はまるで“獅子”を思わせる風貌だ。特に、頭蓋骨前上面には渦巻き状の溝があり、魅力がある。巨大ライオンの頭骨と比較しても、その迫力、大きさで引けを取らないのではないだろうか。だが歯は意外に小さく、細かな歯がびっしりと生えている。

味は悪くなく、刺身や煮付け、フライなどになる。だがその肝臓には大量のビタミンAが含まれているため、食べ過ぎると食あたりすることもあるので要注意。

DATA

▶スズキ目イシナギ科
▶体長：1～1.8m　▶体重：30～120kg
▶棲息域：北海道～九州。水深200～400m底部に多い
▶食性：肉食（魚類、甲殻類等）
▶頭骨
魅力のポイント：巨大さ　大きさ：大
貴重度：★★☆☆☆

おでこにはトサカのようなコブ。舵取りに使っている
歯

魚類
シイラ科

Coryphaena hippurus

シイラ

おでこが広い大きな体
漂流物に群がる黄金の魚

　成魚になると2m近くもの巨体になる大きな魚。背面が青・体側が緑から金色で小黒点が点在しているものが一般的によく知られている。これは水揚げされた直後のもので、死後は急速に色彩が失せ、全体的に黒ずんだ体色になる。

　頭骨を見ると、まず特徴的なそのトサカのようなでっぱりに目がいくだろう。特にオスは成長するにつれこのトサカも巨大化し、かなりの“でこっぱち”になる。

　ルアーフィッシングで人気の魚で、「万力（マンリキ）」とも呼ばれるほど引きが強く、針に掛かると激しくジャンプを繰り返して大暴れする。

　ハワイではマヒマヒと呼ばれ、高級魚としてよく食べられている。

DATA

▶スズキ目シイラ科
▶体長：1～1.7m　▶体重：5～30kg
▶棲息域：北海道南部以南、本州中部、太平洋岸
▶食性：肉食（魚類、甲殻類、イカ類等）
▶頭骨
魅力のポイント：大きな額　大きさ：大
貴重度：★★☆☆☆

写真提供　株式会社シーフーズ大谷

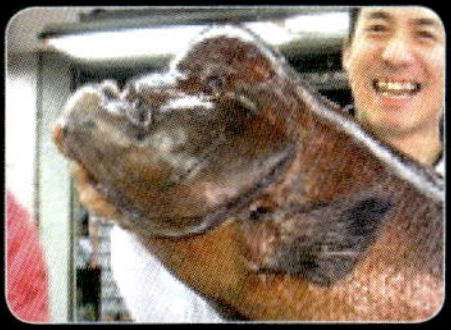

emicossyphus reticulatus

コブダイ

魚類
ベラ科

頭のコブで縄張りを守り、ハーレムを作る特異な生態

巨大な顔、額の大きなコブ、あごも大きく張り出した、全体にずんぐりとした体型のコブダイ。これは成熟したオスの特徴で、幼魚やメスは普通の顔である。肉質は柔らかく、白身で美味しく、とても人気が高い。

オスは縄張りを持ち、この大きな顔で縄張りに入ってきた別のオスを威嚇し、激しく戦う。また縄張りの中にメスと幼魚だけを棲まわせるハーレムを作ることでも知られる。さらに、大きくなったメスはオスに性転換するという驚くべき生態も持っている。大きく育ったメスには徐々に瘤ができ、性転換してハーレムのリーダーになるのだ。

蝶つがいで飛び出す口の仕組みや、歯の形状は実はナポレオンフィッシュ（P128）と同じ。そう言えば、ナポレオンフィッシュにもコブがある。頭骨を見て、初めて両種が同じベラ科の近縁種だと理解できた。

DATA

- ▶スズキ目ベラ科
- ▶体長：0.7〜1m　▶体重：5〜14kg
- ▶棲息域：本州、九州沿岸の太平洋、東シナ海、南シナ海
- ▶食性：肉食（サザエ、カキ、カニ等を殻ごと噛み砕く）
- ▶頭骨
  魅力のポイント：大きな前歯　大きさ：大
  貴重度：★★★★★

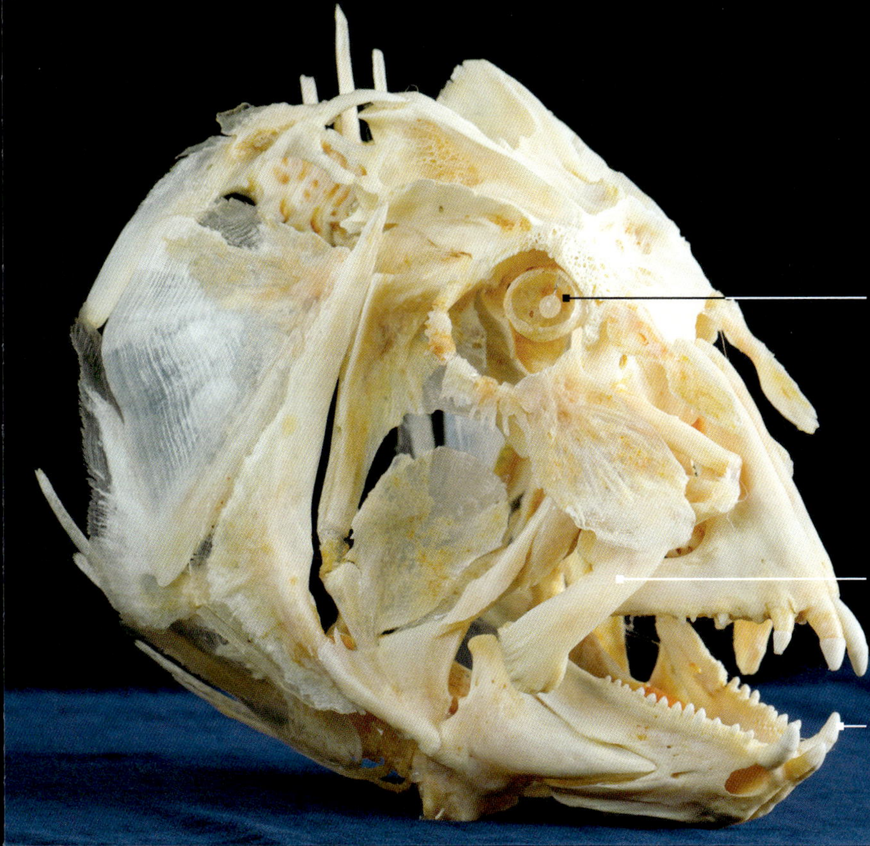
目
マダイに比べずいぶん小さい
この骨が口を飛びださせる仕組みを支えている。ちょうつがいの骨だ
歯
前歯は上下ともに大きい

魚類 キノドン科

Hydrolycus scomberoides

カショーロ

（ペーシュカショーロ）

2本の剣のようなキバを持つアマゾンの肉食魚

飼育魚としても人気が高い 2本のキバをもった魚

同じ熱帯魚の川魚でキバを持つ魚としてはピラニアが有名だが、ピラニアにも負けず劣らずの立派なキバを持っている。

ピラニアが細かなカミソリのような歯が連なっているのに対し、カショーロは下あご先端に際立った２本の細長い剣歯を備えている。その長さはピラニアの歯が、大きくても60cmなのに対し、カショーロは最大で１m以上になり大型である。

下あごの剣歯（キバ）は上あごの穴（さや）にしまわれる

カショーロは上あごにはキバを収納するための“さや”の役割をする2つの穴があいており、口を閉じると、ちょうどそこに収まるようになっている。

頭をやや下に向けた体勢で川の中で待ち伏せし、通りがかった小魚を捕食する。その特徴的な捕食方法が犬魚（ペーシュ＝魚、カショーロ＝犬）という名前の由来となった。流れが速く酸素の多い急流のような場所を好み、魚食性が強く、他のものは滅多に食べない。

近縁種に眼の大きなビッグアイ・カショーロ、全身がプラチナシルバーに輝くドラード・カショーロなどが知られている。飼育の際には、金魚などの生きた魚が必要となる。

観賞用に飼育されるほか、ゲームフィッシングの対象となったり食用として獲られたりする。飼育していた個体が、死んでしまった場合など、単に捨ててしまうのではなく、貴重な頭骨を標本として残すのもよいだろう。

DATA

▶カラシン目キノドン科
▶体長：0.7〜1.3m　▶体重：4〜10kg
▶棲息域：アマゾン川
▶食性：肉食（魚類等）
▶頭骨
魅力のポイント：長大なキバ
大きさ：中
貴重度：★★★★★

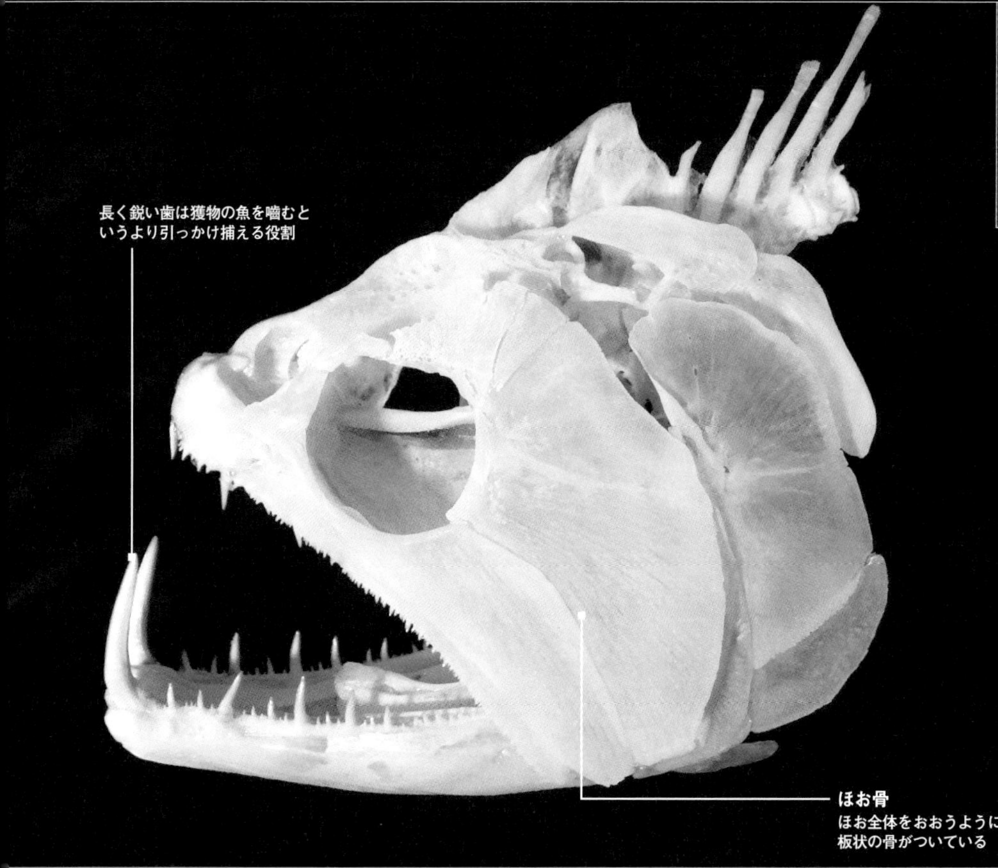
長く鋭い歯は獲物の魚を噛むと
いうより引っかけ捕える役割
ほお骨
ほお全体をおおうように
板状の骨がついている

手の大きさと比べてもキバの大きさがわかるだろう

Cheilinus undulatus

ナポレオンフィッシュ

（メガネモチノウオ）

魚類
ベラ科

美しい体色に神秘的な生態を持つ南国の巨大魚

DATA

- スズキ目ベラ科
- 体長：1〜1.8m
- 体重：15〜100kg
- 棲息域：赤道を中心とした比較的暖かい海
- 食性：ウニが中心の肉食（その他小魚、貝類）
- 頭骨
  魅力のポイント：巨大で美しいところ
  大きさ：特大
  貴重度：★★★★☆

性別まで変化する!? ダイバーの憧れの巨大魚

ベラ科の中でも最大級のナポレオンフィッシュ。体長は1m以上、そのウロコは、なんと人間の手の平ほどのものもあるという。巨大なものでは全長2m29cm、体重191kg、32歳という個体の話があるほどである。しかし、そこまで大きくなるかは疑問だ。

“メガネモチノウオ”という和名の通り、目の部分を通るラインがメガネのつるのように見えることも特徴だ。幼魚の頃は浅瀬に棲息し、地味な体色をしているのだが、成魚になると体色が美しく変化することもその特徴である。鮮やかなコバルトブルーに珊瑚のような模様と、まさに南の海を描いたような個体も存在感がある。

そして老成魚になるとメガネのようなラインが消え、額にコブが現れてくる。そのコブがいわゆる“ナポレオン帽”に似ているため、ナポレオンフィッシュとも呼ばれているのだ。さらには、老成魚になってから雌雄変換することもあり、まだまだその生態は謎に包まれている。

あごが蝶つがいで接続され可動する

その頭骨はなにしろ巨大で、人間の頭の数倍あるものも少なくない。大型個体の頭骨は非常にレアで、大変人気がある。口は頭骨に比べると小さめだが、捕食時にあごが飛び出すという特徴がある。それを可能にしているのは、あごを接続している蝶つがいのような骨。その仕組みは、サイドから撮影した写真からよくわかるだろう。

その美しさと巨大さから、ダイバーにとっては憧れの魚だ。好物はウニで、特に成魚はウニしか食べていないことも多い。

だが、現在は乱獲や珊瑚礁の減少などから、個体数が減り、絶滅が危惧されている。